# 2018年全国地市级环保局局长培训优秀论文集

环境保护部宣传教育中心　编

中国环境出版集团・北京

图书在版编目（CIP）数据

2018 年全国地市级环保局局长培训优秀论文集/环境保护部宣传教育中心编. —北京：中国环境出版集团，2018.5

ISBN 978-7-5111-3601-5

Ⅰ. ①2… Ⅱ. ①环… Ⅲ. ①环境保护—中国—文集 Ⅳ. ①X-12

中国版本图书馆 CIP 数据核字（2018）第 068391 号

出 版 人　武德凯
责任编辑　韩　睿
责任校对　任　丽
封面设计　宋　瑞

出版发行　中国环境出版集团
（100062　北京市东城区广渠门内大街 16 号）
网　　址：http://www.cesp.com.cn
电子邮箱：bjgl@cesp.com.cn
联系电话：010-67112765（编辑管理部）
发行热线：010-67125803，010-67113405（传真）

印　　刷　北京建宏印刷有限公司
经　　销　各地新华书店
版　　次　2018 年 5 月第 1 版
印　　次　2018 年 5 月第 1 次印刷
开　　本　787×960　1/16
印　　张　17.75
字　　数　300 千字
定　　价　50.00 元

## 《2018年全国地市级环保局局长培训优秀论文集》

## 编委会及作者名单

主　编　贾　峰

副主编　闫世东

审稿人　曾红鹰　刘之杰　王菁菁　范雪丽　惠　婕　胡天蓉
黄争超　鄞婧轩　徐　睿

作　者　（按姓氏笔画排序）

马先楚　马　凯　王九中　王宗赢　车小林　邓发潮
乔荣生　刘　东　刘　勇　刘景锋　朱敷建　严　民
何立涛　张乙铭　张　龙　张　锦　李建新　李　波
李悦江　杨中亮　陈建起　林秀峰　郑昌权　陶玉春
常迎六　黄　坚　程　文　童世新　葛　军　韩广智
鲁颖彤　虞伟铉　解会军　蔡　明　潘胜强

# 前　言

中国共产党第十八次全国代表大会以来的五年，我国政府始终把生态文明建设摆在治国理政的重要战略位置。习近平总书记多次指出，绿水青山就是金山银山，保护生态环境就是保护生产力，改善生态环境就是发展生产力，像对待生命一样对待生态环境，推动形成绿色发展方式和生活方式。这些重要战略思想，带来了发展理念和执政方式的深刻转变，为正确处理好发展与保护的关系，实现人与自然和谐共生提供了思想指引和行动指南，推动我国生态环境保护从认识到实践发生了历史性、转折性和全局性变化，认识程度之深、治理力度之大、政策举措之实、执法督察之严、环境改善之快，都是前所未有。

2017 年 10 月，中国共产党第十九次全国代表大会胜利召开。大会将坚持人与自然和谐共生作为新时代坚持和发展中国特色社会主义基本方略的重要内容，将污染防治作为到 2020 年决胜全面建成小康社会的三大攻坚战之一，将建设美丽中国作为全面建设社会主义现代化强国的重大目标，围绕生态文明建设和生态环境保护提出一系列新理念、新要求、新目标和新部署，集中体现了我国政府加快绿色发展、提升生态文明、建设美丽中国的坚定决心和坚强意志。

2017年，全国环保系统认真贯彻落实党中央、国务院决策部署，坚持以改善环境质量为核心，以加快建设生态文明标志性工程为突破点，举全系统之力奋力推进各项工作。

重大任务取得显著成效。持续深化中央环保督察，完成第三、第四批对15个省份中央环保督察，向地方交办的7.2万件环境信访举报基本办结，四批共问责1.8万人，形成强烈震慑效果；圆满实现《大气污染防治行动计划》目标，全国338个城市$PM_{10}$下降了22.7%，京津冀$PM_{2.5}$下降了39.6%、长三角下降了34.3%、珠三角下降了27.7%，其中2017年，“2+26”城市$PM_{2.5}$平均浓度同比下降11.7%，重污染天数下降28.8%；坚决禁止洋垃圾入境，制定并提请国务院办公厅印发《禁止洋垃圾入境推进固体废物进口管理制度改革实施方案》，调整进口废物管理目录，修订印发进口固体废物环境保护控制标准等文件；开展“绿盾2017”国家级自然保护区监督检查专项行动，开展自然保护区定期遥感监测；大力推动长江经济带大保护，印发《长江经济带生态环境保护规划》，会同财政部安排30亿元用于长江流域生态修复奖励。

深化和落实环保改革措施。推进环保体制改革，持续推进省以下环保机构垂直管理制度改革，中央办公厅、国务院办公厅印发按流域设置环境监管和行政执法机构、设置跨地区环保机构试点方案；实施控制污染物排放许可制，出台《排污许可管理办法（试行）》和《固定源排污许可分类管理名录》（2017年版），发布15个行业技术规范，建成全国排污许可证管理信息平台；建设生态环境监测网络；加快生态保护红线划定；推进环评改革，实行全国环评审批“四级联网”信息报送；中央办公厅、国务院办公厅印发《生态环境损害赔偿制度改革方案》，深化“放管服”改革，积极推动排污费改税和排污交易试点工作。

全面推进其他各项重点工作。加大水污染治理力度，深入实施《水污染防治行动计划》；组织实施《土壤污染防治行动计划》；加强生物多样性和生态系统保护；严格核与辐射安全监管；环境执法重拳出击，持续开展环保法实施年活动，实现所有区、县均有适用配套办法案件的目标，仅 2017 年，全国实施行政处罚案件 23.3 万件，罚没款数额 115.8 亿元，比新《环境保护法》实施前的 2014 年增长 265%；加强环保宣传教育和舆论引导，推动环保设施和城市污水垃圾处理设施向公众开放。

为了更好地支撑上述环保重点工作的深入开展，进一步提高地市级环保局长的环境管理业务素质和能力，推进以改善环境质量为核心的各项工作有效开展，受原环境保护部（现为生态环境部）行政体制与人事司委托，我中心承办了 2 期全国地市级环保局长培训班，专题培训班和岗位培训班各一期，来自全国 31 个省（区、市）和新疆生产建设兵团下辖约 167 个地级市（区、县）共计 173 人参加培训。培训内容紧紧围绕环保重点工作设计，着力解决环境领域突出问题，加快实现以改善环境质量为核心的环保工作目标。

为了及时总结生态文明建设探索与改善环境质量等方面的基层工作经验，也为了更好地宣传培训学习成果，自 2008 年开始，我中心每年从参加培训的局长们提交的论文中精选优秀论文，汇编出版。本册论文集是该系列的第十册，从参加 2017 年全国地市级环保局长培训班的学员们提交的论文中精选35篇论文，内容涵盖基层环保队伍在全面深化生态文明体制改革、改善环境质量方面所做出的探索与实践经验总结，以及对改革创新环境保护管理制度的深入思考。希望本册论文集的出版能够为基层环保部门提供先进的实践探索经验，为基层环境管理者和决策者提供有益参考。

本册论文集由我中心主任贾峰、副主任闫世东牵头组织编写，曾红鹰、刘之杰、王菁菁、范雪丽、惠婕、胡天蓉、黄争超、酆婧轩和徐睿等同志参与了论文的审稿、修改和编写摘要工作。

由于编者水平所限，不完善之处在所难免，请读者们提出宝贵意见和建议，使我们的工作日臻完善。

环境保护部宣传教育中心

2018年4月20日

# 目 录

# 推行绿色发展，构建绿色经济考评体系的实践与思考

## ——基于普洱市建设国家绿色经济试验示范区的实践经验

云南省普洱市环境保护局　马先楚

**摘　要：**生态文明的建设之道在于绿色发展，绿色发展的物质基础在于绿色经济，本文通过梳理生态文明、绿色发展和绿色经济的相关性，阐述推行绿色发展的要义，并结合普洱市建设国家绿色经济试验示范区的实践经验，就以构建体现绿色经济发展状况为目标的绿色经济考评体系进行了分析和探讨。

**关键词：**生态文明　绿色发展　绿色经济　考评体系

当前，随着社会经济高速增长，自然资源枯竭、土壤流失和退化、大气污染、水资源危机以及生物多样性减少等环境问题日益严重，生态安全遭遇前所未有的威胁，直接影响着人类自身的生存环境。应对气候变化、全球生态治理、共建共享人类共有绿色家园已成为各国的统一行动，建设生态文明成为发展潮流所向，成为越来越多国家和人民的共识。

我国作为当今世界最大的发展中国家、全球第二大经济体，积极主动参与全球生态治理实践，推进绿色发展，走绿色发展道路，将有助于促进我国开展生态绿色外交和绿色国际合作，有助于构建全球生态新秩序，有利于更好应对资源环境约束挑战，促进全面建成小康社会和生态文明建设，服务全球生态安全。党的十八届五中全会提出“创新、协调、绿色、开放、共享”五大发展理念，强调“坚持绿色发展，推进美丽中国建设”，将绿色发展作为关系我国发展全局的一个重要理念，必将贯穿于我国“十三五”乃至更长时期经济社会发展全过程。绿色发展的目的是实现经济社会的可持续发展，其本质是发展模式的转型，高投入、高消耗、高污染的传统发展方式已不可持续，日益凸显的生态环境问题迫使我们重新审视传统的经济增长方式，以及探索新的经济发展模式，推进经济绿色发展，建设绿色文明社会，已成为越来越多国家经济发展方向的战略选择。

## 一、生态文明、绿色发展与绿色经济

“十三五”期间，中国确立了绿色发展理念和建设生态文明社会的发展目标。生态文明是一种文明形态，由指导理念、实现方式、协调机制等要素构成，绿色发展理念是将文明形态予以转化的途径，将生态文明建设带入各方面建设的全新发展理念，也是将生态文明的一系列构想予以实践，能够将生态文明转化为现实的发展理念。绿色发展理念以人与自然和谐为价值取向，以绿色低碳循环为主要原则，以生态文明建设为基本抓手，将保护和生态治理纳入发展体系，绿色发展理念提出加快主体功能区建设、推动绿色低碳循环发展、全面节约和高效利用资源、加大环境治理力度、筑牢生态安全屏障等举措，充分明确了生态文明建设的主攻方向和精准着力点，目的是要打造科学合理的发展布局、构建系统完备的生态文明制度体系、建立绿色低碳的产业体系、培育绿色节约的生活方式，是推进生态文明建设的必然举措，是建设美丽中国的必然要求，也是生态文明建设的应有之义，“生态兴则文明兴，生态衰则文明衰”。

绿色发展理念包括绿色经济理念、绿色环境发展理念、绿色政治生态理念、绿色文化发展理念和绿色社会发展理念五个方面。其中“绿色经济”是“绿色发展”的物质基础，是在可持续发展基础上产生的新型经济发展理念，以提高人类福利和社会公平为宗旨，是指同时产生环境效益和经济效益的人类活动。绿色经济是以市场为导向、以传统经济为基础、以经济与环境的和谐为目的而发展起来的一种新经济形式，是产业经济适应人类健康需要而产生的一种发展状态。发展绿色经济以资源节约型和环境友好型经济为主要内容，维护人类生存环境，合理保护资源与能源，实现经济、社会、生态协调发展，推动人类工业文明向生态文明转变，是生态文明建设的重要支撑。作为绿色发展的物质基础，绿色经济本质上体现了生态文明的理念，是符合可持续发展理念的经济发展模式，以“绿色、低碳”为核心，“既要金山银山，又要绿水青山”，实现经济发展与环境保护的“双赢”。

## 二、绿色经济试验示范区概况

普洱市地处云南西南部，辖 9 县 1 区，国土面积 4.5 万 $km^2$，是云南国土面积最大的市，北回归线横穿中部，具有典型的山地地貌特征。全市森林覆盖率达 68.83%，分布着 2 个国家级、5 个省级和 9 个县级自然保护区，保护区总面积达 12.8 万 $hm^2$，拥有高等植物 5 600 余种、动物 1 670 余种，保存着全国近 1/3 的物种，是云南“动植物王国”的缩影和全国生物多样性最丰富的地区之一，是北回归线上最大的绿洲，最适宜人类居住的地方之一，享有“绿色氧吧”“世界茶源”“中国茶城”“中国咖啡之都”等美誉，被联合国环境规划署称为“世界的天堂，天堂的世界”。

普洱市是国家发展和改革委员会批准建设全国唯一的国家绿色经济试验示范区，得到了国家和云南省 44 条政策支持。普洱市大胆创新，先行先试，着力打造特色生物、现代林产业、清洁能源、休闲度假四大基地，绿色产业初具规模，绿色经济渐成体系；重点实施生态建设和环境保护、绿色农业、绿色工业、绿色服务业等八大试验示范工程，绿色发展逐步从试验走向示范，全社会绿色发展深入人心；绿色发展体制机制进一步建立健全，实施绿色经济考评，制定了主要产业和主要行业绿色化评价标准，绿色新政迈出新的步伐。2016 年全市绿色 GDP 占传统 GDP 比重达到 92%，人均绿色 GDP 达到 2.02 万元，绿色产业增加值占 GDP 的比重达到 44.6%。

## 三、绿色经济评价指标体系情况

建立绿色经济评价指标体系目的在于把资源消耗、环境损害、生态效益等体现绿色经济发展状况的指标纳入经济社会发展综合考评，改变单纯以 GDP 增速论英雄的政绩观，积极推行绿色新政。2014 年普洱市委托国家行政学院经济学部编制绿色经济考评体系和考评办法，2016 年市委印发实施了《普洱市建设国家绿色经济考评体系和考核评价办法》。

## （一）考评指标设置和重点

绿色经济考评指标体系由绿色经济发展、资源利用效率、环境与生态效率、工作开展与评价四部分构成，共 29 个二级指标，涵盖了《普洱建设国家绿色经济试验示范区发展规划》提出的 21 个绿色经济发展主要指标，指标构成体现了经济、资源、环境、生态的相互协调，考评体系坚持绿色导向、突出共性，考评方法客观公正、便于操作，结果运用奖惩分明、正负激励相结合，考评体系符合普洱市建设国家绿色经济试验示范区发展规划及其实施方案，指标体系和权重的系统性、科学性及可操作性强，主要考核各县（区）贯彻落实《普洱市建设国家绿色经济试验示范区发展规划》，推动绿色经济发展的工作开展情况。一是突出绿色发展。重点考核各县（区）推动绿色经济发展的主要成果，考核中突出绿色 GDP 及增长率，同时反映经济社会发展与民生改善工作。二是突出资源利用。重点考核节约资源和循环利用工作，通过考核促使减少能源消费总量，降低能耗，实现资源有效利用，推动绿色循环发展，与传统考评体系实现有效对接。三是突出生态建设和环境保护。主要考核生态环境保护、污染物排放强度控制及治理工作，通过考核促进有效控制主要污染物排放总量，降低单位地区生产总值主要污染物排放强度，保持良好生态环境，实现绿色发展。四是突出工作落实。主要考核县（区）工作体系建设与完善、政策落实与创新、公众意识与理念，建立健全畅通协调工作机制，有效落实政策措施，建设绿色文化，打造绿色发展氛围，推动绿色经济发展。

## （二）考核成效

实施绿色经济考评对推行“绿色新政”、推动绿色发展具有重要意义。2017年，普洱市将绿色经济考核评价纳入全市综合考评和绿色经济考核评价，对2016年10县（区）绿色经济发展进行考核，在综合考核中占30%的分值。通过绿色经济考评，建立了一套与绿色经济相关数据的采集、处理、统计、核算、考评体系，形成了一套普洱市独有的数据账本、生态账本。进一步摸清了普洱的绿色家底，用指标诠释了普洱市建设国家绿色经济试验示范区取得的成效，量化绿色经济，数说绿色普洱，为市委、市政府科学决策提供了依据。

2016年全市绿色经济质量及效益双双提升。一是绿色经济带动作用明显增强。2016年普洱市绿色经济各项指标增势向好，绿色经济带动作用明显增强，资源利用效率和环境质量显著提高，体现在四个方面：绿色经济发展速度加快，绿色经济发展后劲增强，资源利用效率明显提高及生态环境质量不断改善。二是试验示范区成效不断显现。在试验示范区建设的有力带动下，普洱生态环境更美，资源消耗更优，经济发展更好，群众实惠更多，经济社会发展取得可喜成绩。通过建设国家绿色经济试验示范区，普洱的天更蓝、水更清、山更绿、空气更清新、人民更富裕。

## 四、绿色经济考评的思考

### （一）存在的问题

普洱市绿色经济考核评价还处于探索完善阶段，在数据、机制上仍然存在一定的问题。一是基础数据不全面，市、县部门之间收集和填报数据有差异，未建立健全绿色经济考评指标的统计标准体系，一些指标统计口径尚未完全统一，指标可比性不够、科学性不强。二是体制机制方面。涉及绿色经济考评指标责任部门之间未建立有效的统筹协调机制，特别是涉及多个部门的基础指标统计难度较大。三是推动落实方面。许多指标仅限于考评，未能充分发挥通过考核推动绿色经济发展的作用。

## （二）对策措施

一是完善统计体系。把绿色经济考评指标纳入常规统计，加快建立和完善绿色经济责任指标的统计制度、计算方法，形成固定的制度、方法和长效机制。二是将绿色经济考评指标融入日常工作，研究完善绿色经济考评指标。三是加强资源利用效率、环境和生态效率等方面的监管，提高数据准确性和科学性。四是推动工作落实。通过绿色经济考评，促进各级各部门树立正确的政绩观和科学的发展观，对标对表查找差距，严守环境质量底线、资源消耗上限和生态保护红线，坚持在发展中保护、在保护中发展；推动领导干部守法、守纪、守规、尽责，促进自然资源资产节约集约利用和生态环境安全，更加积极地推动生态文明建设。

## 参考文献

[1] 王丹，熊晓琳. 以绿色发展理念推进生态文明建设. 红旗文稿，2017（1）.

[2] 周珂，金铭. 生态文明视角下我国绿色经济的法制保障分析. 环境保护，2016（11）.

# 强化基层环保执法是改善环境质量的必备条件

河南省商丘市环境保护局　马　凯

**摘　要**：环保执法不单纯是一个法律问题，而是关系到政治、经济、社会等各个方面的综合问题。基层环保执法难现象普遍存在，其因素也是多方面的。本文以商丘市环保执法工作现状入手，分析基层执法工作存在的主要问题，并提出解决对策。

**关键词**：基层环保执法　主要问题　对策

当前，我国的环保执法工作中有法不依、执法不严、违法不究等消极执法或行政执法不作为等现象依然存在，各地之间、各级环保执法机构之间的执法工作发展还不平衡，加之环境保护行政执法的软硬件缺乏坚实的基础，全国范围内还普遍存在不同程度的环境执法难的问题。

## 一、基层环保执法存在的主要问题

### （一）执法不严，违法不究

一些地方放松日常监管，依赖专项行动，经常性的工作突击抓，工作陷入被动。一些地方的环境监察队伍管理松懈，举报热线无人接听，常年不下现场。一些地方的环境监察机构负责人片面强调地方保护主义影响，不敢执法，不愿执法。一些地方环保局不愿上报环境信息，瞒报环境污染事故，造成工作被动。有的地方政令不通，要求查办的案件、上报的情况，三番五次催不上来。

### （二）缺少技术规范

依法行政讲究的是科学执法、规范执法。然而当前在现场执法过程中，对某一行为施行多种行政方式屡见不鲜。如建筑工地噪声的超标排污费征收，有的区县只征收夜间的，有的区县白天、夜间都征收；有的按标准正常征收，有的则加倍征收，执法不统一的现象极大地损害了现场执法的严肃性与权威性。

### （三）行政处罚不规范

不按行政处罚程序办，如遇到上级领导打招呼批条的事，往往采取大事化小、小事化了的办法。行政处罚不经集体讨论决定，行政复议不经复议小组核审，只是少数领导说了算。另外，处罚委托程序不完善，常常以特事特办或办公会议的形式直接将等待处罚中的某个程序安排到区县环保局代为办理问题，以及缺乏执法技术规范，导致处罚幅度难以掌握，人情难推却，执法难到位，甚至出现对于同一违法单位的同一违法行为，市环保局和区县环保局之间，特别是区县和区县之间处罚尺度明显不一的现象。到现场取证材料，如照相、摄像以及现场采集的实物证据未以规定编号归档或登记的时有发生。

### （四）环保执法队伍素质亟待提高

以情代法、以罚代法的现象较为普遍，“吃、拿、卡、要”随意收费，包庇、袒护环境违法行为，甚至为企业通风报信、串通违法等问题依然存在。产生该问题的主要原因是部分单位放松了对执法人员思想政治、道德品质、理想信念等方面的教育，个别执法人员放弃了人生观、价值观的改造，利欲熏心、腐化堕落。

### （五）地方保护主义干扰环保执法的现象仍然存在

个别地方环境保护意识淡薄，重经济、轻环境，盲目引进污染项目，形成了引进容易治理难，关停更难的困难局面，对环保执法工作不支持，甚至干预执法，辖区环境污染问题久治不愈，环境纠纷不断。其问题根源就是一些地方官员环保意识淡薄，只追求政绩，不考虑对环境的损害，表面上经济指标上去了，实际上给当地环境造成了无法估量的破坏。

### （六）对企业管辖区的问题

一个中央级企业或者省属企业出现了环境违法行为，由于其行政级别较高，其所在的政府以及环保部门对其进行处罚的难度较大，这种执法困境已成为一个突出的问题，在很多地方不同程度地存在着。

### （七）环保执法权十分局限

环保法律法规赋予环保执法人员的权力非常有限，缺乏强制措施和手段。要强制执行只能依靠其他部门，执行效果往往取决于其他部门的认识和态度，导致在环境违法案件的执行上，环保部门显得有心无力。从目前情况来看，企业拒不履行环保部门行政处罚决定的现象较为普遍，环保案件因企业拒不执行而需申请法院强制执行，数量极大。

## 二、主要的对策

环保执法不单纯是一个法律问题，而是关系到政治、经济、社会等各个方面的综合问题。目前，环保执法难在全国是一个普遍问题，其因素也是多方面的。要解决这些问题，建议从以下几个方面入手。

### （一）加强环保政绩考核，促使各级政府切实加强环境执法工作

一是按照环保法律，地方政府应对本辖区范围的环境质量负责，要加强政府主要领导干部的环境法制教育，树立科学的发展观和政绩观。二是建立完善的领导干部环境保护实际考核制度、主要领导干部离任环境保护审计制度，实行环境责任追究制。三是实施重大环境问题一票否决制。对出现重特大污染事故、出台与国家环境法律法规相抵触的文件、引进国家明令禁止的企业，造成污染集中反弹的，实行一票否决。

### （二）逐步完善环境法制，强化执法手段

尽快修订和完善环境保护有关法律法规。一是在法律上明确地方各级人民政府及经济、工商、供水、供电、监察和司法等有关部门的环境监管责任，建立并完善环境保护行政责任追究制。二是增强环境保护多项制度的可操作性。对环境法律法规中议性条款均要设置相应的法律责任和处罚条款。三是建立健全市场经济条件下的“双罚”制度。四是赋予环保部门必要的强制执法手段，如查封、扣押、没收等，落实对违法排污企业“停产整顿”和出现严重环境违法行为的地方政府“停批停建项目”权等。

### （三）建立公众参与环境执法机制与制度

充分发挥执法机构的执法职能、公众的外部监督、企业内部监督作用，形成相互制约的“三元环境执法监督体系”。一是通过开展企业环保监督员试点工作，探索新型企业环境管理体制，促进企业提高自主守法水平和能力。二是积极推进环境信息公开工作。三是广开参与途径。包括聘任特约环保监督员，加强环境保护社会团体参与制度，建立环境问题论坛制度和环境保护问卷调查制度，以建立公众参与环境执法制度。四是建立环保违法案件有奖举报制度。地方财政专门列支预算资金，对公众参与环保违法案件举报的行为实行奖励，进一步带动公众参与环境执法的积极性和主动性。

### （四）加强能力建设，提高环境执法水平和能力

按照统一名称、统一职能、统一执法装备的要求，加强环境执法队伍标准化、规范化管理，提高执法水平和能力。加强队伍管理，公布执法信息，实行阳光下执法，坚决查处违法违规的典型案件，提高人员素质，建设一支政治素质好、熟悉和正确运用环境法律法规，精干、高效、廉洁、文明的环境执法队伍。积极加强硬件建设，对重点污染源安装主要污染物在线监控装置，实现在线远程定量化监控，确保污染治理设施正常运转和长期稳定达标排放。畅通12369环保热线，实行政务公开，加强社会监督。

### （五）建立部门联动机制

建立和完善环保部门和司法机关环境执法联动工作机制，充分发挥行政和司法机关的职能作用，实现行政执法与刑事司法的有序衔接，形

成依法严厉打击环境违法犯罪行为的合力。重点查处群众反映强烈、偷排偷放、非法排放有毒有害污染物、非法处置危险废物、不正常使用防治污染设施、伪造或篡改环境监测数据等环境违法犯罪行为。建立环境违法犯罪案件移送制度，环保部门或检察院发现涉嫌环境违法犯罪的，应及时将案件移送公安机关立案侦办，检察院对移送、立案、侦办全程监督。

### （六）组建环保警察队伍

水、空气、土壤等污染恶化已成为我国生态环境的普遍性问题，但从案件发现到移送公安机关处理期间，面临着取证难、处理流程复杂等问题。组建专门的环保警察，专门处置破坏环境等刑事案件势在必行。各级环保部门设立环保警察队伍，分别负责破坏和污染环境刑事案件的侦办和环境民事纠纷、环保治安案件的调解与处置，有利于环保突发事件和重大的跨区域、跨流域环保案件的处置和侦查、办案，还能增强环保执法的权威性和实效性。

# 浅谈门头沟区污染源控制工作

北京市门头沟区环境保护局 王九中

**摘 要：**本文阐述了门头沟区近年来环境污染防治情况，从大气、水、土壤、噪声和生态建设五个方面分析了门头沟区环境污染源防治存在的问题，并针对环境污染源防治提出了宣传、部门联动、考核机制、监察监测能力建设、“互联网+”、环保和生态文化建设以及制度体系七个方面的对策。

**关键词：**门头沟区 污染源 防治

门头沟区作为素有“绿色生态氧吧”之称的京西重要生态屏障，是北京市重点发展的5个生态涵养发展区之一，并居于首位。按照区委、区政府部署，门头沟区将全力打造“和谐宜居滨水山城，全域景区化百里画廊”。要实现这个规划目标，首要的是最基本的是必须加大区域内环境整治力度，特别是要加强污染防治，完善污染防治监管体系建设。

## 一、门头沟区近年来环境污染防治情况

### （一）大气污染防治

门头沟区通过严格环境准入、优化能源结构、控制机动车污染、扬尘监管和治理、淘汰落后产能、加强环境执法、加强联防联控等一系列措施，使二氧化硫（$SO_2$）、二氧化氮（$NO_2$）的排放总量呈现逐年下降趋势，连年完成市政府下达的目标任务，年均浓度已达到并超过国家环境空气质量二级标准。

### （二）水污染防治

门头沟区通过加强完善建设再生水站及配套管网、加强排水企业监管、提高镇一级污水处理站运营效率、源头控制污染物增量、加强水源地保护等一系列措施，通过确立用水总量、用水效率和水污染控制“三条红线”，落实城乡水污染治理三年行动计划，污水处理能力进一步提高、水污染排放物化学需氧量（COD）、氨氮排放量呈现逐年下降趋势，河流、水库、山峡段水环境质量进一步改善。

### （三）土壤污染防治

目前，门头沟区土壤环境质量状况总体良好，属于清洁或较为清洁的水平。土壤重金属含量总体低，土壤重金属污染非常轻。

### （四）噪声污染防治

门头沟区通过强化噪声重点污染源监管、增加区域环境噪声监测网

格设置、加大施工噪声污染防治、加强多部门联防联控等措施，使生活噪声、交通噪声、施工噪声等区域噪声均值在北京市郊区县中始终处于一个较低的水平。

### （五）生态环境建设

门头沟通过加强国家生态文明示范区、生态乡镇、市级生态村建设以及打造山区绿色屏障、平原绿色网络、城市绿色景观，通过农业综合开发生态治理和废弃矿山、灰场修复治理等多措并举，生态环境质量保持良好水平。

## 二、门头沟区环境污染源防治存在的问题

### （一）大气污染防治存在的主要问题

#### 1. 首要污染物 $PM_{2.5}$ 分布不均衡

根据有关数据显示，截至2017年4月30日，门头沟区 $PM_{2.5}$ 平均浓度为72 μg/m$^3$。虽同比2013年同期下降了34.5%，但空气污染依然较为严重。而且，门头沟区 $PM_{2.5}$ 浓度呈西低东高的趋势，西北部分地区 $PM_{2.5}$ 年均浓度在35 μg/m$^3$ 以下，已达到国家标准。东部与城六区相邻的部分地区 $PM_{2.5}$ 年均浓度较大，空气污染较为严重。这主要与门头沟区西部为山区的地形特点，以及北京城区污染物向门头沟区输送有关。

#### 2. 工地扬尘污染屡禁不止

随着城镇化进程的快速推进，房屋拆迁、楼宇新建、道路改造、材

料运输、市政设施建设等过程中，产生了大量扬尘，对区域大气环境造成一定影响。虽然门头沟区开展了针对性的专项治理，施工工地达标率达到92%以上，冲洗设施有效使用率达到100%，但是路面积尘现象时有发生，且相当一部分来自施工工地的车辆带泥、遗撒。

### （二）水污染防治存在的主要问题

目前，门头沟区城镇生活污水处理设施建设部分相对滞后，村镇生活污水处理设施运营总体状况一般，特别是农村地区污水管网建设难度大、建设不足、运行情况不乐观，导致乡镇、农村生活污水处理设施建设率低、运行率低。门头沟区乡村旅游的兴起带来了额外的生活污水排放。区域内污泥处理设施相对滞后，污泥处理仍以土地利用和填埋为主，深度处理、资源化利用量很少。

### （三）土壤污染方面存在的主要问题

门头沟区在土壤污染防治方面，依然存在着土壤环境质量调查不够细致、污染场地底数不清、污染程度不够明确等一系列问题，工业企业对土壤的污染不容忽视。

### （四）噪声污染防治存在的主要问题

区域噪声来源多数为生活噪声。随着生活水平的提高，社会生活噪声扰民的种类也越来越多样化。建筑施工噪声污染仍然是城市噪声污染的突出问题。交通噪声防治依旧不可小觑。

### （五）生态建设方面存在的主要问题

重要生态功能区的生态保护全面性有待提高，特别是对于除保护区外其他重要生态功能区的保护意识较为缺乏。废弃矿山生态修复工作仍需持续加强。

## 三、门头沟区环境污染源防治思路与对策

### （一）环境污染防治，舆论先行

（1）充分发挥区、镇（街）两级宣传部门的舆论优势，注重前期舆论营造。成立由区领导任组长的环保宣传工作领导小组，统筹全区环保宣传工作，有针对性地制定环保宣传工作规划。

（2）建立环境污染防治区、镇（街）、村三级宣传体系，每个村可设置1～2名专兼职结合的环保宣传员。

（3）充分运用微信、微博等各种现代媒介，以及民众日常生活关注和喜闻乐见的有奖问答、知识竞赛等形式，加大对典型案例以及环境污染防控知识的宣传报道，充分发挥民间舆论监督优势。

### （二）多部门联合，发挥协同优势

环境污染治理不仅是环保部门一家的事情，而是各部门共同的责任，需要各部门联防联控，形成联动新机制。

### （三）加大考核奖惩力度，严肃问责追责

（1）制定实施《门头沟区生态损害及环境污染责任追究实施细则（试行）》，完善环境保护区、镇（街）、村三级责任体系，明确责任主体和责任内容，强化权责一致、终身追究。

（2）完善《门头沟区环境保护综合治理工作考核验收办法》，逐步加

大干部政绩考核评价体系中资源消耗、环境损害、生态效益等环境保护相关指标的权重，将其作为领导班子和领导干部综合考核评价的重要内容，作为干部选拔任用、管理监督的重要依据。

### （四）全面提高环境污染监察和监测能力建设

（1）按照环境监察和监测标准化建设标准，进一步加大环境污染监察、监测设施设备条件建设。

（2）扩大环境监察、监测人员编制数量，大力补充专业监察人员，加大路检路查、入户抽查、路检夜查、进京路口检查等的监察力度。同时加强监察业务培训，提高队伍执法水平。

（3）完善区、镇（街）、村三级监察、监测机制，点面结合、重心下移，依托现有城市网格化监管平台，加强镇街环保队伍建设。

### （五）发挥“互联网+”优势，提升环境信息数字化水平

（1）依托互联网技术和信息优势，努力打造“互联网+环保生态”平台。

（2）依托“互联网＋”平台，助力环保执法，通过开通环保微信、微博举报，为群众提供了便捷的环保投诉渠道，促使环保执法力度越来越大。

（3）通过“互联网＋”平台，建立集污染源数据、空间地理数据、环境质量数据、电子政务数据及环境相关资源数据于一体的环境资源中心。

### （六）加强环保和生态文化建设，营造浓厚氛围

加快推进环保和生态文化教育和推广、环保与生态文化重点工程、

环保与生态文化基础设施建设。

（1）在全区各类学校（党校）普及环保与生态环境教育，在自然保护区、森林公园等，建立环保与生态文化教育基地。

（2）在全区乡镇（街）一级，每个乡镇（街）建设1个环保与生态文化活动中心。

（3）依托区域特色产品和资源禀赋，由区政府有关部门主导或统筹，有针对性地定期举办特色鲜明的主题文化节会，打造生态文化特色品牌。

## （七）完善制度体系，提高环境与生态保护工作的科学化、规范化水平

不断健全和完善政府监管、企业治理、公众监督三大责任主体的环保制度框架体系，充分发挥制度在环境保护中的导向、协调、激励和约束作用。

# 消除劣Ⅴ类水体，全面改善饮马河流域水环境质量

河北省秦皇岛市环境保护局　王宗赢

**摘　要：** 秦皇岛市按照“水质主导、精准治污、部门协作、综合治理”的原则，以改善饮马河流域水环境质量为核心，采取按照控制单元精准治理的思路，以饮马河贾河段、饮马河卢龙段、减河新区段治理为重点，以骨干工程项目为抓手，深化工业污染、生活污染、畜禽养殖污染等综合治理，加强联防联控，严格环境执法等治理保障措施，全面提升水环境质量。

**关键词：** 水环境　污染防治　措施

## 一、前言

当前，全国水环境所面临的形势非常严峻，就整个地表水而言，受到严重污染的劣Ⅴ类水体所占比例较高，全国约 10%，有些流域甚至大大超过这个比例。2015 年 4 月 16 日发布的“水十条”中，提出京津冀区域丧失使用功能（劣于Ⅴ类）的水体断面比例下降 15 个百分点左右，对京津冀地区工作提出了更高的要求。

秦皇岛市河流属于滦河水系和冀东独流入海水系，河流直接或间接入海，河流污染治理对于近岸海域水质的改善具有积极的意义。目前，秦皇岛市市域 8 条主要河流中，只有饮马河水质为劣Ⅴ类。饮马河水系发源于秦皇岛市卢龙县，共有干支流 10 余条，流经昌黎境内于北戴河新区大蒲河口汇合后入海。饮马河流域内涉及乡镇有 14 个，汇水范围内涉及卢龙县的印庄乡、双望镇、下寨乡、刘田各庄镇、木井乡、蛤泊镇 6 个乡镇，涉及昌黎县的安山镇、龙家店镇、十里铺乡、两山乡、昌黎镇、葛条港乡 6 个乡镇，涉及北戴河新区的大蒲河镇、团林乡两个乡镇。河流水质污染重给两岸群众的生产和生活带来了不利影响。

环境监测数据显示，饮马河水质类别现状为劣Ⅴ类。《河北省水污染防治工作方案》要求，2016—2020 年饮马河水质目标要达到《地表水环境质量标准》（GB 3838—2002）中Ⅴ类水质指标，主要污染物化学需氧量和氨氮分别要达到 40 mg/L 和 2 mg/L。因此，开展饮马河流域治理工作，消灭劣Ⅴ类水体，解决秦皇岛市水环境领域的这一突出问题，推进地区环境治理改善和生态文明建设，意义重大。

## 二、饮马河污染原因分析

### （一）污水集中处理能力不足

饮马河流域共有粉丝加工、淀粉生产、皮革加工和水产品加工等各类工业企业 200 余家，年排放废水约 500 万 t、COD 350 t、氨氮 150 t；畜禽养殖户约 250 家，年排放污染物 COD 2 000 t、氨氮 300 t。流域内废水经各种渠道最终进入饮马河，而流域内的贾河污水处理厂、昌黎县污水处理厂由于设计水平较低，处理能力没有充分发挥，超标排放时有发生。

### （二）缺乏流域统一规划和管理

饮马河流经秦皇岛市卢龙县、昌黎县和北戴河新区，流域内工业污染源较多，畜禽养殖业发达，其废水及污染物排放量较大，但是多年来没有制定流域统一的污染防治规划和治理方案，因而不能在流域内统一实施水资源规划和水资源保护管理。

### （三）沿河村庄生活污水及垃圾污染水体

饮马河流域面积广、支流众多，沿河村庄没有建成完备的生活垃圾集中收集处置系统，河道两侧生活垃圾堆存较多。傍水村庄没有建设污水处理设施，生活污水直接排入河流，对水质产生一定污染。

### （四）农药、化肥和畜禽养殖等面源污染突出

流域内农业生产中使用过多的化学肥料和农药随地表径流进入河道。河流两岸规模化畜禽养殖企业和养殖专业户粪便无害化处理能力不足，畜禽粪便不经处理排入河流，导致河流水质下降。

### （五）传统甘薯加工产业转型缓慢

饮马河流域的农民大都种植甘薯或从事甘薯加工，农户们每年收获甘薯的总产量 6 亿多千克，甘薯加工废水有机污染物浓度高，COD 平均浓度 2 000 mg/L 左右，年排放量为 120 万 $m^3$，是造成断面水质超标的主要原因之一。

### （六）部分工业企业时有超标排放现象

饮马河流域的工业企业数量众多，废水排放量大，相当一部分企业没有纳入工业园区，而且工业园区废水集中处理设施建设滞后，工业废水未经深度处理是导致河流水质变差的主要原因之一。流域内的主要污染源鹏远淀粉有限公司排放废水时有超标现象进一步加剧了工业污染源对河流水质的影响。

## 三、治理措施

秦皇岛市人民政府按照“水质主导、精准治污、部门协作、综合治理”的原则，以改善饮马河流域水环境质量为核心，采取按照控制单元（共划分6个控制单元）精准治理的思路，以饮马河贾河段、饮马河卢龙段、减河新区段治理为重点，以骨干工程项目为抓手，深化工业污染、生活污染、畜禽养殖污染等综合治理，加强联防联控，严格环境执法，提出到2017年年底，饮马河流域（含饮马河、贾河、减河）水环境质量明显改善，全河段消除劣Ⅴ类水体，饮马河口断面水质达到地表水Ⅴ类水质标准以上的工作目标，并在以上污染原因分析的基础上，提出一系列治理措施：

### （一）深化工业污染治理

针对饮马河流域中的龙凤河控制单元、饮马河卢龙段控制单元、饮马河贾河段控制单元和减河新区段控制单元的多家涉水企业提出深度治理要求，规定排放的废水必须通过排水管网进入污水处理厂进行处理，暂时不能入网的排水企业实行排污总量和排放浓度双控制；排污总量不得超过规定的污染物排放总量，主要污染物排放浓度不得超过地表水Ⅴ类水质标准浓度限值；对超总量、超浓度标准排放的采取停产、限产措施，减少污染物排放总量；安装 COD、氨氮和总磷在线监控设施与环保部门联网，发现超标排放立即停产整治。

### （二）加快污水集中处理设施及配套管网建设

针对饮马河流域中的龙凤河控制单元、饮马河卢龙段控制单元、饮马河贾河段控制单元和减河新区段控制单元的污水处理厂提出明确要求：完善控制单元内工业企业、畜禽养殖、居民生活、农业面源和甘薯加工等污水收集体系，实现单元内污水全部进入污水处理厂处理；加强各污水处理厂维护、运行和管理，优化工艺，特确保出水水质和稳定达标排放。

### （三）加大农业农村污染治理力度

一是积极推进畜禽养殖污染治理。完成饮马河流域限养区的规模化养殖场、养殖小区、养殖散户的粪便污水储存、处理、利用设施的建设。禁养区内的 329 家规模化畜禽养殖场、养殖小区和养殖散户全部依法关闭和搬迁。鼓励和扶持养殖大户利用粪便生产有机肥，建立畜禽养殖废物资源化、无害化处理体系，建设畜禽粪便资源化利用工程。二是严格控制农业面源污染。制定秦皇岛市农业面源污染综合防治方案，推进农家肥、畜禽粪便等有机肥料资源的综合利用，降低农业面源污染。三是加快实施淀粉加工废水综合治理工程。调整产业结构，压减淀粉型甘薯种植面积，鼓励建设大型鲜食甘薯储藏库，促进甘薯集中企业化生产，完善粉浆水利用、处置设施。

### （四）节约保护水资源

一是严格控制用水总量。饮马河流域内符合取水政策的工业企业全部完成取水许可证发放及取水流量计安装工作。全面排查不符合取水政策擅自取水的工业企业。二是实施生态用水动态调节工程。充分利用现有水资源，通过完善水量调度方案，采取闸坝联合调度、生态补水、水资源置换等措施，维持饮马河流域基本生态水需求，结合河流水质状况和流量制定以达到地表Ⅴ类水质标准的生态用水量限制，实施生态用水调整，改善饮马河水质，恢复河流生态环境。

### （五）开展河道整治和水生态体系建设

一是加强河道综合整治。全面清理未达标河流两岸垃圾及污泥堆存点，完成河道清淤疏浚，建设生态护坡护岸，强化河道自然岸线修复与恢复。二是加强生态湿地建设。因地制宜地构建重污染河段河道湿地净化工程，强化水体自净能力。

## 四、保障措施

### （一）落实目标责任

明确责任主体，细化措施、落实责任，相关部门要按照职责分工，履职尽责，要加强协调、齐抓共管，按照各自的职责和工作任务抓好落实，把每一项措施落实到具体工程上，明确责任人和完成时限，一级抓一级，层层抓落实。确保各项措施早完成，早见效。

### （二）严惩环境违法行为

严格查处饮马河流域环境违法行为，严肃查处故意闲置、不正常运行水污染防治设施、偷排偷放、超标排放、利用坑塘排放污染物等环境违法行为，对涉嫌环境犯罪的依法追究刑事责任。

### （三）创新污染治理模式

大力推行环境污染第三方治理，创新融资方式，积极推广政府与社会资本合作模式，引入社会资本和专业环保力量，通过委托治理服务、托管运营服务等方式，由排污企业付费购买专业环境服务公司的治污减排服务，最终形成有利政府监管、降低排污企业成本、促进环保产业发展的共赢局面。

### （四）强化督导考核

加强对各项重点任务完成情况的考核，定期组织督导组深入县区对饮马河流域水污染防治情况进行督导检查，及时发现存在的问题，及时上报市委、市政府领导。对完成任务好的给予通报表扬，对完成任务差的给予通报批评。对违反法律法规规定，存在失职渎职行为的，要追究其相应的法律责任。

## 五、结语

通过消除劣Ⅴ类水体，全面提升水环境质量，落实好市政府“生态立市、开发强市、旅游兴市、文化铸市”战略，实现建设沿海强市、美丽港城和国际化城市目标。

# 生态文明建设在渭南的实践与探索

陕西省渭南市环境保护局　车小林

**摘　要：**建设生态文明，是关系人民福祉、关乎民族未来的长远大计。渭南市坚持经济、社会与资源环境相协调的可持续发展战略，通过渭河综合治理，加大秦岭北麓生态保护，实施秦东大地园林化和“关中水乡”建设，初步构建起生态格局。并在生态文明建设中做了一些基本的探索和尝试：优化三大结构、实现低碳发展，严守生态红线、维护生态安全，严保环境底线、提升环境质量，落实党政同责、加强督查考核等。

**关键词：**生态文明建设　渭南　实践　探索

渭南是中华民族的重要发祥地，在陕西乃至西部地区生态文明建设中的地位十分重要。秦岭是国家重要的生态屏障，渭河是陕西的母亲河，平缓舒展的八百里沃野田畴，更是华夏之根、文化之源。保护好秦岭、守护好渭河，恢复好“森林遍布、山清水秀、地宜耕植、水草便畜”的渭河平原，是540万渭南人义不容辞的神圣职责。党的十八大把生态文明建设纳入中国特色社会主义事业“五位一体”总体布局，明确指出，建设生态文明，是关系人民福祉、关乎民族未来的长远大计。渭南市认真落实中央部署，牢固树立尊重自然、顺应自然、保护自然的生态文明理念，坚持经济、社会与资源环境相协调的可持续发展战略，扎实推进生态文明建设，环境保护与生态建设工作取得显著成效。

## 一、生态文明建设的渭南实践

近年来，渭南市紧紧围绕“陕西东大门”建设目标，突出抓好“治水、绿化”两件大事，全面推进铁腕治霾保卫蓝天、渭河综合治理，加大秦岭北麓生态保护，实施秦东大地园林化和“关中水乡”建设，初步实现天蓝山绿水净河安澜，构建起“大水、大绿、大空间”的生态格局。

### （一）着力培育绿色发展的现代产业体系

（1）着力构建低碳循环的新型工业体系。从严落实循环经济、清洁生产和污染物排放总量控制要求，重点促进能源化工向中高端发展，培育壮大现代装备制造业，推动新能源汽车产业链延伸扩张，加快 3D 制造产业化应用和商业化推广，实现绿色资源催生绿色工业的华丽转身。

（2）着力构建绿色生态的有机农业体系。做大做强优质粮食、有机果品、设施蔬菜和现代畜牧四大产业。突出抓好新技术、新品种的试验和应用，推广绿色有机生产技术。开发生态乡村游、绿色农业体验游，推动农村第一、第二、第三产业融合发展，使传统农业焕发出新的生机与活力。

（3）着力构建特色高效的现代服务业体系。牢固树立全域旅游理念，依托“山水城陵”自然人文优势，加强旅游基础设施建设，提升旅游服务水平。大力发展养生保健、康复疗养、居家养老等绿色民生经济，构建医养结合的养老养生产业体系。加快建立电子商务物流园区和电子商务孵化基地，助推电子商务快速发展。

## （二）大力拓展绿色发展的生态空间

（1）精心打造山水空间。坚持“山水林田湖”一体化治理，系统规划区域生态水系，统筹实施秦岭北麓和渭北丘陵山区生态修复，推进黄河、渭河、洛河三河生态湿地保护和秦岭南山支流蓄滞洪水面开发。投资66亿元，治理渭河滩区191 $km^2$，退耕还河还湿地1.8万亩，植树94万余株，渭河两岸防洪保安、人水和谐目标基本实现。启动实施了“渭河三年行动（2012—2014年）”和“渭河巩固提高三年行动（2015—2017年）”，累计投入21.2亿元，完成水污染防治项目131个，渭河潼关出境断面稳定达到省考Ⅳ类水质要求。

（2）打好治污降霾组合拳。通过完善治污降霾工作机制、工业企业提标改造、划定高污染燃料禁燃区、拆改燃煤锅炉、实施扬尘污染治理、实行黄标车淘汰取缔和无标车禁行限行等措施，中心城区空气质量明显改善。

（3）实施秦东大地园林化。加快建设绿色城镇，积极实施城市增绿扩绿工程，全面加快公共绿地、庭院绿化、环城林带等生态建设，全市森林覆盖率达到25.6%。

（4）坚持城乡统筹，市县联创省级环保模范城市。以“创模”八大工程为载体，突出乡情美景和地域特色，加快农村生态人居环境综合整治，中心城市和潼关、合阳县通过了陕西省环保模范城市考核验收，省级卫生县城实现全覆盖，建成210个美丽乡村示范村。

（5）大力培育绿色文化。坚持把生态文明理念纳入社会主义核心价值体系，加强教育培训和舆论引导，推动政府树立生态政绩观、企业树立生态效益观、个人树立生态绿色消费观。

### （三）努力构建生态文明建设的保障机制

（1）完善生态制度体系建设。建立完善的生态保护红线管理制度、自然资源产权制度、有偿使用制度和生态补偿、生态建设预警制度，初步构建市、县、镇三级生态环境监测网络体系、突发环境事件应急预案体系和应急监测预警机制，以及联合执法机制。

（2）推行生态审查优先机制。坚持把生态预审作为项目的前置条件，实行生态预审，严格市场准入机制，科学划定城镇建设区、工业区、农村居民点等开发边界，控制建设用地总量。

（3）强化责任考核评价机制。坚持将生态环境考核作为重点，建立起以绿色 GDP 为基调的绩效考核体系。严格按照《党政领导干部生态环境损害责任追究办法》，建立党政领导生态文明建设“一岗双责”制度，严格离任生态环境审计。强化考核结果运用，把生态文明建设考核结果作为干部任免奖惩的重要依据，真正让考核由“软约束”变成“硬杠杆”。

## 二、渭南生态文明建设存在的问题

### （一）对生态文明建设的重要性和紧迫性认识还不够

部分县（市、区）、部门和单位不能把生态文明建设作为区域、部门和单位的中心工作，建立齐抓共管、密切协作的工作机制，“党政同责、一岗双责”落实不够，生态文明建设目标责任不明确、压力传导不够。

### （二）“三大”产业结构不甚合理

渭南市三次产业结构比例从 2014 年的 15：55.1：29.9 优化为 2015

年的2015年的14.6∶50.2∶35.2，第二产业依然占大头，渭南作为农业大市、工业弱市、服务业发展滞后问题依然存在，调结构、转方式、加快发展的潜力巨大。全市经济结构中能源重化工偏重，高新技术、新兴产业较少；能源结构中传统能源利用较多，清洁能源使用率较低。2015年全市工业总产值中，能源工业占29%，化工工业占9.4%，有色冶金和能源工业占全市规模工业总产值的65%左右，“轻工业过轻，重工业过重”的结构矛盾突出，导致能耗大，污染重。2015年万元GDP综合能耗为1.318 t标准煤，能耗水平仅次于榆林，在全省居第二位，高于全省0.633 t标准煤，工业产业结构亟待调整。

## （三）大气污染治理任务艰巨

渭南市燃煤消费量占陕西省29%，占关中地区48%，富平、中心城区两个热电联产项目即将建成投产，完成煤炭消费总量削减任务压力较大。建筑工地扬尘治理“6个100%”执行普遍不到位，臭氧等新的污染物不断出现，成为当前大气环境治理的突出问题，导致大气污染防治总体成效不理想。

## （四）生态治理恢复压力较大

秦岭北麓、乔山南麓生态恢复比较困难，一些历史遗留的开发活动造成的生态破坏责任主体消失，治理投资大，成为秦岭生态保护的政策性难题。老旧矿区、地下水污染、土壤污染和重金属污染的治理仅刚刚起步，区域生态治理任务依然很重。

## （五）环保资金投入明显不足

全市环保基础设施建设相对滞后，污水收集管网、处理设施还不健全，基层环保部门设备仪器、监管能力建设还存在薄弱环节。生态文明建设投入较少，产业结构调整、节能减排专项资金配套不到位，生态保护、环境治理资金投入明显不足。

## 三、渭南生态文明建设的基本探索

2017年，中央政治局第四十一次集体学习时，习近平总书记强调，必须把生态文明建设摆在全局工作的突出地位，推动形成绿色发展方式和生活方式，努力实现经济社会发展和生态环境保护协同共进，为人民群众创造良好生产生活环境。渭南地处大西安和黄河金三角融合区域，是“一带一路”重要节点城市，生态文明建设任重道远。贯彻中国特色社会主义生态文明建设理论，落实绿色发展理念，渭南必须把生态文明融入“五位一体”总布局，立足当前、着眼长远，让绿色成为渭南加快发展、追赶超越、决胜小康的主色调。

### （一）优化三大结构，实现低碳发展

生态环境的根本好转在于优化调整三大结构，以绿色发展理念引领渭南经济转型升级。坚持把生态建设作为推动经济转型升级的动力，以供给侧结构性改革为契机，坚决淘汰落后产能，培育壮大新动能，持续培育绿色发展的现代产业体系，发展节能环保产业和循环经济，实现经济发展与环境保护的平衡协调、互促互进。一是优化经济结构，调整“三个产业”比例，大力提升第三产业比重；二是优化工业结构，贯彻创新驱动机制，改变能源重化工业偏重的产业格局，培育发展信息技术、新能源、高端装备、新材料、生物制药、节能环保等战略性新兴高新技术产业，从根本上缓解经济发展与资源环境之间的矛盾；三是优化能源结

构，不断提高清洁能源使用率，大力推进太阳能、地热能、生物质能等可再生能源开发利用。

### （二）建设生态水系，实现水兴渭南

充分利用好黄河、渭河、洛河当地水资源和泾河、引汉济渭客水资源，优化水资源配置，保障工农业生产用水，实现水资渭南；加快以“三纵四横”为骨架，以天然河道与大中型灌区干支渠道为补充的生态水系网建设，落实“海绵城市”建设方案，实现水润渭南；加快西海公园、金水公园、湭河湿地公园建设，综合实施水系连通、水源保障、水面景观、湿地保护等工程，确保中心城区“三水绕城”，城中有水，实现水美渭南。

### （三）绿化秦东大地，建设绿色渭南

大力发展特色经济林、林下经济、森林旅游等林产业，全面落实“绿化秦东大地建设美丽家园三年行动计划”，加快南北山地水源涵养林区、南北塬区水土保持林区、中部平原农田防护林区、大荔沙苑防风固沙林区、城乡人居地绿化区五大林区建设，努力打造“三区三带”绿色产业。打好土壤污染防治攻坚战。建立土壤环境监测和评估机制，开展污染土壤修复试点示范项目，实施农村土地轮耕，依托现代农业园区建设一批农业清洁生产示范区。加强城区景观建设和公众绿地体系建设，不断提升市区道路绿化达标率。到2020年，新造林170万亩，森林覆盖率提高到30%以上，最终实现南北山地森林化、南北台塬绿色化、中部平原园林化，努力创建国家级环保模范城市和生态园林城市。

### （四）严守生态红线，维护生态安全

划定并严守生态红线，加快地方立法进程。落实各项生态保护相关

政策、制度，保护生态资源，加强各类自然保护区、湿地、森林公园、水源地等重要生态功能区域的保护和管理。继续加大秦岭北麓、乔山南麓生态治理恢复和保护，全面落实生态保护和治理的各项目标和任务，建立政府、企业、社会多元化的环保资金投入机制，维护生态安全。

### （五）严保环境底线，提升环境质量

坚决向污染宣战，按照治水保渭河、治气保蓝天、治土保健康的原则，持续抓好治污降霾，特别是中心城市扬尘治理，深化大气污染防治；以渭河治理提高、饮用水安全保障为重点，强化重点流域和地下水污染防治；开展土壤污染监测，狠抓土壤污染治理，深入推进美丽乡村建设，解决农村生态环境问题。强化环境执法监管，着力解决区域环境突出问题，妥善处置突发环境事件。

### （六）落实党政同责，加强督查考核

按照“党政同责、一岗双责、终身追责”的要求，落实《党政领导干部生态损害责任追究办法》。对生态脆弱和重点保护地区探索取消GDP 考核指标，实行自然资源资产离任审计和生态损害责任终身追究制，加快建立注重发展方式转变、资源节约利用、生态环境保护的政绩评价体系，使之成为推进生态文明建设的重要导向和约束。建立生态文明建设联席会议制度，定期组织发改、住建、环保、水务、林业等单位，解决生态文明建设中存在的问题。加快地方性立法，抓住用好中央赋予设区市立法权试点机遇，根据上位法和实际需要，从生态保护方面，启动地方立法工作。同时结合推进省以下环保机构监测监察执法垂直管理改革，整合执法力量，创新执法机制，切实做到有法必依、执法必严、违法必究。

“环境就是民生”“青山就是美丽”“蓝天也是幸福”，今后，渭南市将以习近平总书记关于生态文明建设的重要讲话精神为指导，坚持绿色循环低碳发展理念，加大生态文明建设力度，推动形成绿色发展方式和生活方式，努力打造生产发展、生活富裕、生态良好的“关中水乡、绿色渭南”。

# 论环保部门如何行使统一监督管理职责

四川省资阳市环境保护局　邓发潮

**摘　要：**环境保护的各项工作千头万绪，提纲挈领把握关键显得尤为重要。改变单打独斗的工作模式，正确履行统一监督管理职责，是环保部门实现跨越升级的关键。

**关键词：**环境保护　监督管理　跨越升级

近两年是环境保护工作从边缘化走向舞台中心的关键时期，整个系统面临着空前的机遇，干部职工也经受着巨大的考验。各项工作千头万绪，提纲挈领把握关键显得尤为重要。能否改变单打独斗的工作模式，正确履行统一监督管理职责，是环保部门能否实现跨越升级的关键。

## 一、统一监督管理是环境保护部门的法定职责

### （一）环境保护法律赋予了环境保护主管部门对环境保护工作实施统一监督管理的职责

《环境保护法》是我国环境保护事业的基础性法律，协调各部门行动

提供基础和基准点是它的核心任务，建立和完善国家环保行政体制是它的特殊功能和使命。该法第十条规定，地方人民政府环境保护主管部门，对本行政区域环境保护工作实施统一监督管理。非但如此，我国水、大气、固体废物、噪声、放射性五部污染防治法也有类似的规定。

由此可见，在法定范围内对污染防治进行监督管理，只是环保部门工作职责的一部分，行使统一监督管理职责，才是环境保护法律赋予环境保护主管部门的首要职责。

### （二）由环境保护主管部门实施统一监督管理是一种必然选择

环境保护是一个庞大的系统工程，不仅从地域上需要联防联治，在具体行政区域内也需要多个行政主管部门的齐抓共管。以扬尘污染防治为例，建设施工扬尘、交通运输扬尘、城市管理场尘分别由建设、交通、城管主管部门实施监督管理显然是适宜的，否则就会破坏这些部门管理事项的完整性。行政管理需要各部门分工协作，而环保部门必须行使好统一监督职责。

再如秸秆禁烧工作，推进的关键不在于环保部门如何严格执法，而是发展改革部门、农业部门等统筹推进秸秆综合利用。秸秆禁烧工作需要环保部门牵头来抓，其实质就是行使统一管理职责。

政府的组织架构决定了环境保护工作必须有一个部门来代表政府行使统一监督管理职责。既然如此，由环境保护主管部门对环境保护工作实施统一监督管理职能顺理成章。

总之，抓好工业企业污染防治只是工作职责之一，依法履行统一监督管理职责，才是法律赋予环保部门的首要职责和根本任务。如果把环境保护工作比作一个大合唱，环保部门担任领唱人的角色都还不够，它应该是整个歌乐队的总指挥。

## 二、统一监督管理的具体实施内容

环保部门要正确履职，首先必须弄清楚统一监督管理的具体内容。下面，就环境保护统一监督管理的具体内容做一些分析。

### （一）参与综合决策是统一监督管理的基础

在政府环境保护规划以及政府经济社会发展各类规划编制和实施中，环保部门要把住环境影响评价关，在规划建设中严格准入机制，为政府招商引资、城市化推进等经济社会活动守住环境质量底线，从综合决策层面为统一监督管理奠定基础。

### （二）明确部门职责是统一监督管理的前提

国家层面已经通过立法等形式将各部门环保工作主体责任予以明确，在各部门“三定”方案中予以体现，各部门的主体责任应是具体的、量化的、约束性的。但是，相关部门职责的明确决非自发的、自愿的，它需要环保部门具备与相关部门的沟通能力，更需要环保部门将部门职责明确上升为政府意志的协调能力。

开展监督管理，前提是明确相关部门在其职责领域环保工作的主体责任，将责任分解到位，监督相关部门履行职责，将压力传递到位。

### （三）形成考核体系是统一监管管理的保障

环境保护工作机制建立和运行的重点在于落实下级政府和同级部门的监督管理责任。要依托当前党委、政府重视，协调相关部门明确各自环保工作职责、目标。要建立政府环保工作目标责任机制，将环保任务通过政府名义落实到本级相关部门头上。要配合党委、政府建立考核奖惩机制，保障部门工作落到实处。

凡环保工作好的地方，无一不是工作机制建立、运行良好的地方。地方环保部门要勇于实践，做好制度设计，将政府对环保工作重视的心动变为政府环保工作机制建立、运行的行动，要结合实际，形成一套定性准确，量化清楚，便于操作的考核体系。

### （四）监督部门履职是统一监督管理的根本

责任分解、考核评价、监督问责是一个督促部门依法履职的完整链条，没有监督问责就不能形成“闭环效应”。统一监督管理，就是要由环境保护主管部门对各行业主管部门的环境保护职责进行监督检查，发现懒政惰政情形的，要督促履职；发现渎职失职的，要报送相关部门追究责任。

总之，统一监督管理，就是要代表人民政府行使监督管理职责，所有行政主管部门的环境执法行为都受其监督，所有行政主管部门的环境管理行为都受其管理。

## 三、实现统一监督管理必须巧妙借力

统一监督管理的关键在于设计并运行好政府环境保护的工作机制。但是在中国行政法律体系中，由政府行业主管部门实施统一监督管理的规定仅见于环境保护工作。环保部门既无统一监督管理的经验可循，也没有从政府组织法上获得超然的领导地位。因此，如何巧妙借力，建立一套理性、完整的统一监管机制，考验着整个环保系统的智慧。

## （一）搭好环保委员会大舞台，借考核机制实现环境目标

虽有法律明文规定，但在过去相当长一段时期里，环保部门并未有效地行使统一监督管理职能。对于实施统一监督管理，整个系统既缺乏系统的方法和有效的手段，也没有丰富的理论和实践的经验。环保部门的“统管”缺位，“分管”部门职能缺位现象比比皆是，一旦出现环境污染事故，环保部门由于其在环境保护工作中的“统管”地位，却屡屡成为唯一承担责任的部门。环保工作陷入自身很窝囊，社会不认可，政府不满意的怪圈，环保系统成为不出干部的贫瘠地。

但是，环保部门要认识到，统一监督管理是国家法律赋予环保部门的必须履行好的职责和权力。要树立统一监管的自信，掌握统一监管的方法，切实承担起统一监管的责任。机制建立和运行重点在于落实行业主管部门的环保主体责任，要依托党的十八大以来党和国家高度重视生态文明建设的大背景，在地方建立党委挂帅的环保委员会。要通过环保委员会的工作平台，建立政府环保工作目标责任机制，将环保任务通过政府名义落实到本级相关部门头上，要配合党委、政府建立考核奖惩机制，保障部门工作落到实处。

## （二）用好纪检检察大手段，以责任追究促责任落实

2015 年印发的《党政领导干部生态环境损坏责任追究办法》第一次在党内法规中提出了党政同责，体现了党和国家厉行环境保护的坚强决心，对于督促党政领导干部和相关部门履行环境保护责任意义非凡。但是，良法不足以自行，追责办法仍需环保部门强力推动。

从纪检渠道督促各级党委、政府严格追责可谓事半功倍。环保局在秸秆禁烧工作中，发现第一起露天集中焚烧秸秆事件后，不仅立即实施

了行政处罚，而且通过党委纪律检查渠道，追究了案发地党委书记和镇长的行政责任，处理迅速，效果很好。使这起秸秆焚烧案例，从根本上扭转了工作形势。

用检察手段监督行业主管部门履职尽职能够以点带面。对于建筑施工扬尘污染投诉，以往环保部门通常不予受理，或者引导居民向建设主管部门投诉，对建设部门的处理也缺乏指导、监督和干预，其实就是没有履行统一监督管理职责。在进京学习的前一次值班时，环保局接到了一个建筑施工扬尘污染投诉，我立即安排相关人员进行了立案，立案后再转交给住建部门办理，并根据资阳市新近建立的环境保护检察联络机制，向检察院通报了情况。在检察院的监督下，住建部门按照环境保护法律对违法企业进行了立案，环保部门进行统一监督管理就真正落到了实处。

以上两个事例表明，纪检和检察是督促行业主管部门落实环境保护责任的利器。今后我们还要进一步摸索，争取形成可供借鉴的经验。

### （三）打好环保督察大战役，以卓越战功换领导地位

环保部门实施统一监督管理，既需要长期坚持换来量的累积，也需要重大事件换来质的飞跃。目前，水、大气、土壤污染防治三大战役和环境保护综合督察就是环保部门实现跨越升位的最佳平台。

对于污染防治三大战役而言，细颗粒物浓度、流域断面水质达标率、土壤质量等指标，都只能算是战役中的小目标，是否能够在战役中占领阵地，才是战役成功与否的重点。能否取得三大战役的指挥权，形成各级各部门齐抓共管的环保工作格局，就是衡量环保系统能否打胜三大战役的关键指标。在这场战役中，中央、省两次环保督察，就是来帮助环保部门打胜三大战役的外部力量，我们要充分理解其精神实质，按照党

政干部环境保护责任清单，兑现生态环境损坏责任追究办法，运用好环境保护一票否决权，抓住有利作战时机，打赢三大战役，取得环境保护工作的指挥领导权，奠定统一监督管理的基础。

# 坚持绿色发展理念　补齐生态环保短板<br>全力打赢打胜改善环境质量攻坚战

山西省晋城市环境保护局　乔荣生

**摘　要：**晋城市坚持绿色发展理念，以持续深入开展改善环境质量攻坚行动为抓手，全面加大污染防治力度，始终保持环境执法高压态势，有力地促进了一批环境热点、难点问题的解决，为美丽晋城建设全面提速夯实了基础、创造了条件。面对当前的环保形势，晋城市采取新的策略，确保全力打赢改善环境质量攻坚战。

**关键词：**晋城　环境质量　生态环保

近年来，在市委、市政府的正确领导下，我们认真贯彻落实党的十八大和十八届三中、四中、五中、六中全会和习近平总书记系列重要讲话精神，坚持“环保为民、服务发展”的总基调，围绕水气联治、政企联动、市县联控的总方针，以持续深入开展改善环境质量攻坚行动为抓手，全面加大污染防治力度，始终保持环境执法高压态势，有力地促进了一批环境热点、难点问题的解决，为美丽晋城建设全面提速夯实了基础、创造了条件。

## 一、主要工作做法及成效

### （一）以改善环境质量为根本，合力治污开创了新局面

一是重拳治霾。突出“控煤、治污、管车、降尘”四个关键环节，全力打好工业污染整治、城中村燃煤污染整治、面源污染整治、建筑拆迁施工扬尘污染整治、道路运输扬尘污染整治、机动车尾气污染整治“六大攻坚战”。二是精心治水。在丹河流域坚决停止审批建设任何涉水项目，对沁河流域严格实施总量控制。科学运用了“黄、红”牌管理制度，对不能实现达标达量排放的企事业单位实施了限产、停产和关闭措施。全市集中式饮用水水源地水质达标率保持 100%。三是铁心减排。坚持总量控制原则，不断深化“结构、工程、管理”三大减排措施，完成了 10 个工业园区的规划环评工作，对 130 家企业实施了清洁生产审核。全面完成以火电企业烟气脱硝、污水处理厂升级改造、钢铁企业烧结机脱硫为重点的减排项目。

### （二）以保障环境安全为底线，环境执法监管取得了新成效

在出台《关于加强环境监管执法的实施意见》的基础上，依托改善环境质量攻坚行动、环境保护大检查、环保大练兵、“铁腕治污行动”等载体，持续强化环境执法，集中开展了重点行业、重点环境违法问题等一系列环保专项执法行动，有力地打击了环境违法行为。同时，市、县、乡三级联动，层层压实环境监管责任，深入推进“网格化”监管工作，明确了监管责任人，配套出台了运行程序、巡查制度及考核办法，“横向到边、纵向到底”的网格化监管体系初步建成。

### （三）以深化连片整治为抓手，农村环境保护迈出了新步伐

完成了覆盖4个县（市）、5个乡镇、65个行政村的环境连片整治示范项目，显著改善了农村“垃圾靠风刮，污水靠蒸发”的局面。扎实推进了改善农村人居环境农村污水防治项目，启动了陵川县农村生活污水治理试点县建设，完成了26个行政村污水处理设施项目和12个行政村生活污水收集管网工程项目。进一步深化了生态示范创建工作，“十二五”以来共创建了4个国家级生态乡镇、15个省级生态乡镇和42个省级生态村。

### （四）以创新科学监管手段为牵引，环境管理能力跃上了新台阶

全面完成了环境空气颗粒物源解析，建成了重污染天气监测预警平台。全面启动了排污权交易工作，交易总量、交易金额连年排名全省前列。在全省建成首家机动车尾气监控平台，率先实施了尾气遥感路检。重点企业完成了污染源自动在线监测设施，被评为“全省环保产业示范工程”。加强对医疗废物、危险废物的科学安全处置，对全市所有放射源实施了全方位监管。

### （五）以推动全民攻坚为目标，环保宣传教育汇聚了新能量

坚持宣教并重，通过组织开展环保宣传“六进”（进社区、进学校、进机关、进银行、进工厂、进商场）、“百位市民看环保”“千人环湖绿色骑行”等环保公益活动，开设“新环保法大讲堂”，制作播放系列环保公益宣传片，深入机关、企业、基层宣讲环保法律法规等，有效提高了公众的环保法制意识和参与环保的积极性。全面落实《环境信息公开办法》，不断完善环境信息公开机制，环境保护网站荣获“全市十佳网站”称号。

## 二、当前环保工作面临的形势

“十三五”是全面建成小康社会的决胜阶段，也是实现环境质量总体改善的窗口期、转折期和攻坚期。习近平总书记提出的“两山论”和绿色发展理念，党中央、国务院发布的《关于加快推进生态文明建设的意见》《生态文明体制改革总体方案》“姊妹篇”，为我们做好环保工作提供了基本遵循。但对于正处在经济转型升级关键阶段的晋城市，在经济下行压力加大、能源需求增速减缓、企业效益下降的新常态下，环保工作面临严峻挑战，生态环境保护方面存在着“三个不相适应”，既是制约晋城市生态环境质量改善的三块“短板”，也是影响经济转型发展的重要瓶颈。

### （一）晋城市尚未改变的资源型产业结构与国家“经济发展和环境保护相协调”的新要求不相适应

由于晋城市以煤炭、冶铸、电力、化工等为主体的资源型产业结构尚未改变，经济社会发展与环境承载力不足的深层次矛盾仍然突出。随着全市城镇人口的不断增长以及短期内工业企业污染物排放量削减压力的不断增大，晋城市污染减排形势依然严峻，支撑经济发展的环境容量严重不足。

### （二）当前的环境空气质量与市委、市政府的要求和广大百姓的期待不相适应

由于晋城市以电力、煤炭、钢铁、化工、建材等行业为主体的资源型产业结构尚未改变，全市特别是市区周边 20 km 内分布着一大批工业

企业，既是资源消耗大户，又是污染排放大户，加上高污染燃料燃烧、建筑施工道路扬尘、机动车尾气、餐饮油烟及特殊气象条件等因素的影响，在传统煤烟型污染尚未得到有效控制的情况下，以 $PM_{2.5}$ 和 $PM_{10}$ 为特征的区域复合型污染日益凸显，环境空气质量改善压力越来越大。

### （三）环境执法监管手段与日益繁重的工作任务不相适应

随着经济社会的快速发展和产业结构的不断调整，污染物排放的种类和方式也在不断变化，给环境监管工作提出了更高的要求。但在环境监管执法过程中，我们仍然过多依赖于用行政手段及风暴式的专项整治来解决环保问题，在综合运用法律、经济以及现代科技手段防治环境污染方面的能力不足，缺少探索和实践。

## 三、工作对策

结合当前全市生态环境保护工作的现状，进一步明晰“十三五”时期的环境保护工作总体思路，认真贯彻落实党的十八大和十八届三中、四中、五中、六中全会和习近平总书记系列重要讲话精神，牢固树立“环境就是民生，青山就是美丽，蓝天也是幸福”的绿色发展理念，以提高广大人民群众生活质量为根本出发点和落脚点，全面实施“1134”工程，即瞄准一个目标（建设美丽晋城），围绕一个核心（提升环境质量），打好三大战役（大气、水、土壤污染防治），实行最严格的四项环境保护制度机制（即总量控制、网格化环境监管、经济政策倒逼、环境信息公开），进一步加大生态和环境治理力度，推动全市环境质量持续改善，促进全市经济社会稳定健康发展。围绕以上工作思路，结合晋城市“十三五”生态环境保护规划，重抓好以下几个方面工作：

## （一）坚持防治结合，持续加大大气、水、土壤重点领域治理力度

（1）强力推进大气污染防治。围绕“减煤”，提高城市集中供热、供气覆盖率，提出煤炭减量具体措施。围绕“降尘”，研究制定工地扬尘排污收费管理制度。围绕“控油”，优化、调整、提高城市道路机动车的通行能力，减少机动车行驶造成的大气污染。围绕“治烟”，强化对餐饮油烟、露天烧烤、秸秆焚烧、烟花爆竹污染的管控。

（2）稳步推进水污染防治。坚定不移地实施“治丹保沁”的防治战略，在丹河流域坚决停止审批建设任何涉水项目，加快人工湿地工程、污水处理工程以及化工行业污水处理设施提标升级改造工程建设，推动丹河水环境质量实现根本性改善。对沁河流域严格控制入河排污总量，确保沁河继续保持为全省水质最好的河流。

（3）全面推进土壤污染防治。研究制定晋城市《土壤环境保护和综合治理方案》，加强土壤环境监测能力建设，积极开展农用地土壤环境保护检查，探索划定土壤环境优先保护区域并落实各方责任，保障土壤环境安全。

## （二）坚持疏堵结合，多管齐下确保实现污染减排目标

（1）深化源头防污。严格环保准入门槛，完善总量监管制度，优化配置环境资源，从源头上减少重污染企业密度和排放强度。

（2）深化工程治污。继续推进重点行业脱硫、脱硝、除尘设施建设，以及污水处理工程提标升级改造。持续推进重点乡镇污水处理工程建设。突出抓好农业源污染减排工程建设。

（3）深化管理控污。全面督促企业严格执行最新的环保标准。加快建立完善生态补偿、排污权交易、环境污染第三方治理等制度体系建设，

以环境经济政策倒逼污染治理。

### （三）坚持点面结合，全面推进农村生态环境治理和保护

加快推进农村面源污染治理步伐，建成一批农村生活污水处理设施和秸秆梗茬、畜禽粪便综合利用项目。全面加强对重点生态功能区、环境敏感区、生态脆弱区的环境监管，完成生态保护红线划定工作。因地制宜，积极推进农村生活污水治理。

### （四）坚持监管结合，不断提升环保管理能力和水平

（1）强化管理。各级各部门依据属地管理、分级负责、责任到人的原则，实现对各自监管区域“全方位、全覆盖、无缝隙”的管理，真正在全市建立起“横向到边、纵向到底”的网格化环境监管体系。

（2）强化执法。进一步完善日常监管、专项巡查、突击检查、昼夜排查“四位一体”的执法监管机制。加大对重点监控企业的现场巡查力度，通过督查曝光一批、约谈一批、挂牌一批、限批一批，始终保持严厉打击环境违法行为的高压态势。

# 加强生态文明建设，精心呵护海口绿水青山

海南省海口市生态环保局　刘　东

**摘　要**：良好的生态环境是城市的核心竞争力之一，本文详细介绍了海口市环境质量情况，采取的主要做法，也指出了海口的环境领域存在一些问题：规划不合理产生结构性污染问题、环境管理责任体制亟待健全、企业自觉遵守法律法规意识不强等，明确了今后的工作思路。

**关键词**：生态环境　专项行动　工作思路

海口市是我国环北部湾的海南省会中心城市，也是全国唯一的热带省会城市。良好的生态环境是海口的三大优势之一和核心竞争力，海口市充分利用生态环境优势，优化经济发展，解决环境领域问题，提升环境质量，为建设国际化滨江滨海花园城市提供环境支撑。

## 一、海口市环境质量情况

一直以来，海口坚持生态立市，加强生态文明建设，以创建国家生态文明示范市为目标，加强环境监管，着力从源头上把好环境关，进一步提高了环境质量，逐步走出了一条发展绿色产业增产不增污，繁荣市

场经济增效不增污，发展全域旅游增景不增污的城市发展道路。

海口环境空气质量继续保持一流水平，2013—2016年，2017年1—4月，在全国实施环境空气质量新标准的74个城市中连续4年排名第一。2016年环境空气质量优良率98.6%，主要污染物$PM_{10}$、$PM_{2.5}$年均浓度分别为39 μg/m³、21 μg/m³。水环境质量总体良好。海口市南渡江龙塘段、永庄水库等集中式饮用水水源地水质达标率为100%；国家控制的水质监测断面水质达标率100%；近岸海域海水水质达标率100%。声环境质量符合国家标准。Ⅳ类噪声功能区均达到相应指标要求。

2016年，圆满完成省政府“十二五”主要污染物总量减排目标任务，在生态省建设工作考核评审中名列第一。

## 二、主要做法

### （一）完善环保机制，初步建立“大环保”管理格局

海口市于2015年成立海口市生态环境保护委员会，由市长任主任，分管副市长任副主任，建立了政府在环境保护方面的宏观决策和引导机制，强化各部门环保责任，“大环保”管理模式初步成型。

### （二）加强规划顶层设计，推进“多规合一”

完成生态保护红线划定工作。将重点生态功能区、生态环境敏感区和脆弱区等纳入生态保护红线范围，划定海口市陆域生态保护红线共计529 km²，占全市国土面积的23.11%。根据资源环境承载能力，设定资源利用上限，同时提出海口市生活空间、生产空间、生态空间三类空间的环境质量底线。

### （三）引导产业转型升级，推进供给侧结构性改革

严格控制高能耗、高污染、高排放企业进入，坚决杜绝重复投资、防止产能过剩，大力发展旅游、热带特色高效农业等十二大产业，形成更加合理的生产、生活、生态空间，促进绿色、循环、低碳发展。推进规划环评，推动区域发展方式转变和产业结构优化。强化项目环评，2016 年，全市共办理环评审批 787 件，环保竣工验收 418 件。推进构建海口市生态系统生产总值（GEP）核算体系与世界自然保护联盟（IUCN）、中国科学院共同开展 GEP 核算体系研究。

### （四）开展污染防治专项行动，打好“水、气、土”三大治污战役

（1）开展大气污染防治，巩固提高环境空气质量。通过采取控车、降尘、禁烧（燃）、限烤、治企、增绿六大措施，全力推动大气污染防治工作，全市中型以上餐饮服务企业油烟净化设施安装率达 90%以上，建成区道路机扫率达到 70%以上，公交车和出租车清洁能源使用率分别达到 90%和 100%。

（2）开展水污染防治，改善城镇内河（湖）水环境质量。创新思路，采取 PPP 模式治水。通过市场运作，引入社会资本，采取“PPP（公私合营）+EPC（总承包）+跟踪审计+全程监管”模式进行，按照“一河一策、一湖一策”原则，制定各水体治理方案。

（3）开展土壤污染防治。启动土壤环境质量调查，进一步摸清土壤环境质量家底。重点加强对生态保护红线区、农产品产地等环境敏感区域土壤环境监管力度。

## （五）加强执法力度，提升环保执法威慑力

开展清理违法违规建设项目、环境执法大练兵、规范危险废物专项执法检查等专项行动，采用“双随机”抽查模式对重点企业进行抽查，进一步加大对企业环境违法行为的查处力度。2016年对环境违法行为行政处罚226宗，罚款847万元。2017年对环境违法行为行政处罚73宗，罚款601万元。建立美舍河环境监管分片包干责任制，重点开展美舍河区域污染行为打击力度，对两家涉嫌偷排废水的房地产项目分别进行顶格处罚，并对相关负责人实施行政拘留。开展混凝土搅拌企业的专项整治工作，责令7家违法企业立即停止生产，并分别进行顶格处罚。

## （六）加强环保基础能力建设，提升环保服务水平

建成了环境空气质量预警预报系统，实现了大气六项主要污染物预报业务及信息发布工作，为海口市环境管理和公众出行提供技术支持。开展水、气、声、土壤等环境要素和各类污染源的监测，2016年共获取各类监测有效数据约116 009条，为加强环境决策管理和执法提供科学依据。实行环境监管网格化管理，共招录环境监管网格员182人，建立起了市、区、镇（街）、村（居）四级网格化环境监管执法格局，形成横向到边、纵向到底的环境监管体系。

## （七）加大环境宣传教育，营造环境保护良好氛围

开展了《环境保护法》宣传培训月等环保专题宣传活动，提升社会各界环境责任意识。完善市长热线12345、环保投诉热线12369，局长接访日以及搭建海口环保官方微信、微博、网站及手机APP客户端平台等方式，受理群众的投诉，拓宽公众参与渠道。

## 三、存在的问题

随着城市化进程加快，海口的环境领域存在以下几个方面的问题：一是规划不合理产生结构性污染问题。由于在城市前期的发展规划中对环境影响的不重视，工业企业布局不合理带来的结构性环境问题近年来日益凸显。如港澳工业开发区等相关投诉，根本原因都在于产业布局不合理、规划环评和战略环评落实不到位、城市发展规划同环境功能规划脱节。二是环境管理责任体制亟待健全。部分环保权责尚未明晰，导致相互推诿扯皮情况发生，如针对餐饮油烟、社会噪声、垃圾焚烧等问题的投诉，某些部门以污染环境为由推给环保部门处理，未能切实履行其应当承担的责任。三是基础设施建设滞后影响水环境质量。由于城镇污水处理设施管网配套不完善，雨污水管网及排污口底数不清，污水混接、管道渗漏，分流截污不彻底等原因，导致海口市城镇内河湖水环境质量状况不佳。四是企业自觉遵守法律法规意识不强。有些企业采取规避的手段躲避法院的执行，如假停产、将资金转移、变更主体（违法主体），逃避法律的制裁等，甚至存在部分企业公然抗法。五是环保监管能力建设薄弱。海口至今还没有任何一级环境监察机构达到国家标准化要求，各级环保部门执法人员少、执法装备不足、业务素质参差不齐等现象极为普遍。

## 四、工作思路

### （一）建立职责明晰的环保体制机制

严格按照“党政同责”“一岗双责”的要求落实好各级党委、政府及各部门的环保责任。划清各部门职责边界，避免扯皮现象发生，提高环保工作效能。建立切实可行的绩效考核体系和责任追究体系，将生态环保责任落实到人，严格依据其考核结果进行奖励或惩罚，形成固定的工作机制。

### （二）全面履职好自身环保职责

积极参与政府经济社会发展的综合决策，守住只能更好，不能变差的环境质量底线。充分发挥环保统一监督管理，加大对下级政府及有关部门的监察力度，重点针对国家法律法规政策落实情况、突出环境问题、环境治理工作落实情况等开展督查。加大对工业企业环境行为监管与处罚力度，对社会影响较大、群众反映强烈的违法行为从重从严从快打击。

### （三）加强环保基础设施建设

全面做好《海口市环境总体规划》、环境保护“十三五”规划、畜禽养殖污染防治规划、南渡江流域生态保护和环境综合整治等规划的编制和落实工作。合理规划相应的产业园区，实施重污染企业搬迁入园等措施，逐步解决结构性污染问题。加快城镇污水处理设施和配套管网建设，提高雨污分流和污水收集率；推进污泥、建筑垃圾、餐厨垃圾等无害化处理设施的建设。

### （四）加强环境执法处罚力度

按照《环境保护法》要求，充分结合“两高”司法解释，以典型案件为突破口，重拳打击环境违法行为。对采取规避手段不履行法院执行缴纳罚款的被执行人，将其列入法院失信被执行人系统的黑名单。政府层面推动法院、检察院、公安和环保建立“两法”衔接的协调工作机制，成立生态环境保护警察或配备公安专员协同环保执法。

### （五）加强环保能力建设

通过全省环保机构垂直改革，将现有的市、区两级环境监察执法力量进行整合，属地管理工作下放至镇街级环保所，建立环保行政工作和环保执法工作上下联动的工作机制，使现有的环保力量得到最大限度的发挥。

# 三峡库区万州流域水污染治理的思考

重庆市万州区环境保护局　刘　勇

**摘　要**：三峡库区担负着建设好长江流域重要生态屏障和保护好重要水资源战略储备库的重任，本文主要阐述了三峡库区在保护库区生态环境方面的主要做法及目前存在的问题和困难以及对未来发展的建议。

**关键词**：三峡库区　水环境　生态涵养区

三峡库区是国家重要淡水资源战略储备库、国家重点生态功能区，肩负着构建长江上游重要生态屏障、确保生态环境安全的神圣职责。万州地处三峡库区腹心，是市委、市政府确定的渝东北生态涵养发展区重点开发区，大力推进环境保护和生态建设工作意义特别重大、责任义不容辞。2016年年初，习近平总书记到重庆视察时谆谆叮嘱，“待到满山红叶时，我要到库区、到万州看看生态环境建设”。习近平总书记的重要指示为我们指明了方向、提供了遵循，是万州区加强环境保护、推进生态文明建设的重要纲领和行动指南。

党的十八大以来，万州区深入贯彻习近平总书记系列重要讲话精神和治国理政新理念新思想新战略，统筹推进“五位一体”总体布局和协调推进“四个全面”战略布局，全面贯彻落实党中央、国务院和市委、市政府关于环境保护和生态建设的一系列重大决策部署，自觉把保护长江母亲河摆在压倒性位置，坚持走生态优先、绿色发展之路，共抓大保护、不搞大开发，深入落实五大功能区域发展战略，坚持“面上保护、点上开发”，持续开展“蓝天、碧水、宁静、绿地、田园”五大环保行动，努力构建三峡库区的生态屏障。目前，万州区水环境质量稳定，长江万州段干流水质良好，持续保持在Ⅱ～Ⅲ类，磨刀溪、新田河监测断面达到Ⅲ类水域功能要求，五桥河、龙宝河、瀼渡河等次级河流水环境质量持续改善。城市饮用水水源水质达标率为 100%，镇乡集中式饮用水水源水质达标率为 95%，城市污水集中处理率达到 92%以上，城市垃圾无害化处理率 100%，长江两岸森林覆盖率达到 62%。

## 一、主要做法

### （一）强化生态规划引领

深化“没有规划意识，就一定会输在起跑线上；没有环保意识，就一定会输在终点线上”的认识，凡是涉及环境保护的，寸土必争。推进“多规融合”，编制完成《万州区生态涵养发展规划》，划定耕地、林地、森林三条生态红线，将全区国土空间划定为城市建设区、城镇建设区、乡村聚居区、农业保养区、生态保障区，指导各乡镇街道、有关部门明确各功能区管制界限，促进生产、生活、生态空间协调发展。

### （二）加强工业污染治理

一是严格执行五大功能区域产业投资禁投清单政策，推动绿色低碳循环发展。着力培育汽车制造、纺织服装、照明电气、现代医药、电子信息、能源建材、生态环保等支柱产业，改造提升特色化工、装备制造、农副产品加工等传统产业。二是推动源头严防。建立空间、总量、项目“三位一体”环境准入制度，落实“负面清单”制度，把区域空间管理、总量控制纳入审批制度中，促进经济发展与资源环境承载力相互协调。2016年以来，共审批各类建设项目423个，豁免项目655个，环保竣工验收198个，办理排污许可证和临时排污许可证487家。三是坚持工业企业入园制，落实工业企业水污染集中治理，通过提标升级，继续改造盐化园、天子园污水处理厂，长江沿岸原则上不设立单个企业排污口，须经企业达到预处理标准后，排至园区污水处理厂深度处理后外排。四是落实企业主体责任，深化污染治理。建成各类工业企业污染治理设施580余台（套），九龙园、天子园、五桥园工业废水实现了集中规范处置。关停了三阳化工、佳立欣颜料等多家化工企业，开展了重庆宜化等11家企业的废水深度治理，在40多家重点行业的工业企业推行了清洁生产达标建设，强化水污染治理设施的升级改造，完善“企业—园区—流域”三级应急风险防范体系，安装在线监测设备，确保企业稳定达标排放和风险可防可控。

## （三）加强城镇污水垃圾治理

积极争取中央、市级专项资金和三峡后续项目资金30多亿元，区财政每年安排1亿元用于环保基础设施建设。目前，已建成城市污水处理厂3个，设计处理能力为11万t/d，2016年扩容工程完成后处理能力可达19万t/d。完成城区长江干流及次级河流26个直排口整治，城区污水管网达到600 km。已建成镇级污水处理设施18个，设计处理能力2.4万t/d，建成撤并场镇污水处理厂15个，设计处理能力1 300 t/d，2016年将全面完成40个镇乡污水处理设施建设，实现镇乡污水处理设施全覆盖。完成 41 个镇乡垃圾收运系统和 3 个片区垃圾中转站建设，日处理 800 t 的垃圾焚烧发电厂建成投用，4 艘机械化清漂船运行正常。日处理 8 t 的医疗废物处置场收运处置覆盖了镇乡卫生院，正在向城区个体诊所和村级卫生室延伸。

### （四）加强次级河流综合整治

全面启动 11 条流域面积 100 $km^2$ 以上的次级河流综合整治工作，积极争取纳入晒网坝重点控制单元水环境综合整治和三峡后续规划项目；加快推进五桥河、龙宝河黑臭水体整治工作，进一步完善流域生活污水管网、垃圾收运系统，严格落实“河长”责任制，加大清漂保洁力度。目前，五桥河已基本消除黑臭，总磷、氨氮、化学需氧量等量化指标较 2015 年同期有较大幅度下降，龙宝河通过疏通污水收集管网、完善提升泵站，强化沿岸生活垃圾清理、保洁等措施，河水水质得到一定程度的改善，在 2017 年基本消除黑臭；通过治理流域内畜禽养殖污染和生活污染以及强化河道沿岸垃圾收运等措施，全面完成新田河综合整治，达到水域功能要求。

### （五）加强饮用水水源保护

一是推进标准化建设。完成全区 102 处集中式饮用水水源地标准化建设和 30 处新增集中式饮用水水源地保护区划分和标识标牌建设。二是深入实地开展调查研究。开展了全区镇乡集中式饮用水水源的深度调查，全面掌握了供水人口大于 1 000 人以上的集中式饮用水水源地的空间分布情况以及供水量、供水服务人口、水环境质量现状等基础数据。三是清理整治饮用水水源保护区内污染源。全面取缔三水厂长江水源保护区内非法餐饮船舶 22 艘。四是建立饮用水水源地环境风险防控体系。进一步完善饮用水水源地突发环境事件应急预案，每年定期开展一次饮用水水源地突发环境事件应急演练，建立了饮用水水源保护“一源一档”。

### （六）加强农业农村污染治理

着力优化农村环境，完成86个村农村环境连片整治；推动禁养区养殖场搬迁工作，完成39家畜禽养殖场（小区）和养殖专业户关闭或搬迁。推进限养区、适养区养殖场污染治理工作，完成4.2万头生猪当量畜禽养殖场（小区）污染治理任务。实施农村安全饮水项目155个，建成户用沼气设施17 484口。

### （七）加强船舶污染治理

长江万州段过往船舶基本实现生活垃圾到港转运，开展化学品运输船舶洗舱基地建设前期工作，客运码头污水达标排放，强力整治粪污直排的餐饮船舶，22艘非法餐饮船舶全部被强制拖移取缔。

### （八）加强水环境风险防范

定期开展工业企业环境和健康风险评估，落实防控措施。分级分类动态管理重点行业企业环境风险源，严格落实环境风险主体责任。加强长江干流万州段水环境突发事件预防预警和应急处置，构建了政府、部门、镇乡（街道）、风险源单位四级网络全覆盖的预防预警、信息报送、风险管理、应急处置体系。加强对风险源单位的监管，完成全区及镇乡饮用水水源地环境突发事件应急预案修订，对辖区工业企业风险进行了识别登记和评估，并完成应急预案编制、评估、修订、备案等工作，全年组织环境突发事件应急演练1次。加强区域环境应急协作，建立了“万开云”应急响应联动机制，切实保障库区水环境安全。近5年来，全区未发生较大以上环境突发事件。

## 二、存在的问题和困难

### （一）污染防治工作任务艰巨繁重

一是发展与保护的矛盾仍然客观存在。按照市委、市政府对万州的功能定位要求，万州区肩负着经济发展与生态涵养双重任务，传统产业升级换代，新型产业培育发展，无一不关系到水污染防治工作和主要污染物总量减排，现阶段仍存在 GDP 与 COD 的矛盾与冲突问题。二是经济新常态下的新要求高。党的十八大对生态文明建设提出了系列新要求，提高了产业发展门槛，加大了执法监管力度，量化了水质保护目标，特别是国务院《水污染防治行动计划》，对城镇污水、工业废水、畜禽养殖污染治理等方面的新要求带来了新的挑战。同时三峡水库二期蓄水后，特别是 2008 年 175 m 试验性蓄水后，长江干流水文条件、水环境容量等发生变化，引发一些新的生态环境问题，如次级河流的水华现象等，这些都需要我们深入研究，沉着应对。三是欠账仍须提速补上。目前万州区城镇生活污水集中收集处理、生活垃圾无害化处置等仍有欠账，须加快补齐短板。四是随着库区形成长江黄金水道的作用日益凸显，运输危险化学品的往来船舶日渐增多，发生安全事件的概率加大。

### （二）污染防治投入不足

万州区目前财力难以支撑大量的环保基础设施建设，近几年实施的项目主要依托三峡后续规划和少量的生态转移支付资金，PPP、EPC 等新的投融资模式在万州区水污染防治方面尚在探索，致使部分镇乡污水处理厂建设、次级河流综合整治进度因资金“瓶颈”而滞后，已建成的镇级污水处理厂运营维艰，部分次级河流水质改善不明显、畜禽养殖关闭搬迁难以实施。

### （三）污染防治主体责任不够明晰

长江作为国家的战略资源，引起各级各部门的高度重视，国家、市相继制定了多部水资源、水环境保护等方面的法律法规和管理办法，但在具体执法监管中还存在责任边界不清晰、主体责任不明确、多头重复管理现象。污染防治工作涉及环保、水务、交通、移民、农业、建设、市政以及相关镇乡，少数部门和单位往往从自身角度考虑，致使有项目、有资金的一哄而上，有责任、有压力的绕道走，未更多地从保护水环境的全局考虑。

### （四）环境安全有隐患

基于长江万州段对过往船舶海损事故引发化肥、溢油等污染水体的突发环境事件应急能力不足，城市最大饮用水水源三水厂位于化工园区下游，一旦发生突发事件，将对下游城市居民饮水安全带来极大威胁。同时，万州区甚至渝东北片区都没有专门的环境应急机构，环境应急人员和应急物资也由各相应部门管理，一旦发生突发情况，根本无法统筹调度，延误处理时机。

## 三、几点建议

按照生态文明和渝东北生态涵养发展区建设要求，万州区担负着建设好长江流域重要生态屏障和保护好重要水资源战略储备库的重任，库区水环境保护任务繁重、艰巨。为此建议：

### （一）加大资金投入力度

水污染防治和生态建设的投入资金，主要依托《三峡后续工作规划》和《重点流域水污染防治规划》等项目，争取上级补助。但目前环保基础设施建设和运行费用缺口仍较大，恳请中央、市级资金向万州区生态环保项目倾斜，切实解决投入不足问题，包括基于生态保护红线安排更多的生态转移支付资金。

### （二）加快三峡水库管理立法进程

三峡水库作为我国的特大型水库，其管理将涉及生态建设、环境保护、地灾治理、岸线建设管理、水面开发利用、水库突发事件应急处理、移民后期扶持等多个方面，但目前的水库管理缺少明确的法律规范和责任主体，各区县分段、分部门"九龙治水"式管理导致水库水环境监管、库岸防护、消落带保护、生态建设等诸多方面，责任主体不明、政策措施实施不到位、收效不明显，建议尽快制定三峡水库管理的法律或法规，理顺管理体制，明确责任主体，落实相关措施，确保三峡水库长久、安全、正常运行。

### （三）加快实施生态补偿机制

万州区作为重庆生态涵养发展区，重点任务是保护好库区生态环境，不搞大开发。区委、区政府下决心关闭了一批高污染、高能耗的企业，加之，为保护库区生态环境，竞投清单严重制约了企业的引进，导致地方财政非常薄弱。因此，需尽快建立"成本共担、效益共享、合作共治"的机制，使保护自然资源、提供良好的生态产品得到合理补偿，有效化解环境外部性矛盾，更好地运用经济杠杆进行环境治理和生态保护，形成流域保护和治理的长效机制。

### （四）探索建立环境治理持续性专项资金

环境治理不是一蹴而就的事情，一批环境治理项目需长期投入资金支持，如污水处理厂建设后的运营及维护，城市和农村垃圾的无害化处理等。因此，需逐步探索建立环境治理持续性专项资金的投入保障长效机制，确保环境治理不反弹、不成为包袱。

### （五）强化库区环境安全

一是建立渝东北片区环境应急处置中心，落实专职人员，专司其职，全面负责片区环境应急工作；同时，对各部门的应急物资进行统筹管理、统一调度，提高环境应急处置能力。二是加大化工园区水环境风险防范投入，增添设施，切实提高风险防范能力。

# 运城市主要环境问题及调控改善措施的思考和建议

山西省运城市环境保护局　刘景锋

**摘　要：**本文从运城市主要环境问题出发，分析了污染物排放量增大，城镇乡村基础设施滞后，资源利用效率低下，不合理的能源结构，环境保护责任落实不到位，环境治理和环境科技研究资金严重不足，特殊的地理环境，环境管理与社会发展等产生环境问题的原因；提出了构筑生态工业体系，提高经济增长速度；构筑生态农业体系，加快发展绿色产业；构筑科技发育体系，搭建循环经济平台；构筑环境综合整治体系，调空改善环境质量；构筑环保责任体系，落实环境保护责任的调控改善措施的思考和建议。

**关键词：**运城市　环境问题　改善措施　战略思考

运城市是山西省乃至国家的粮棉生产基地，近年来，特别是 2000 年撤地改市后，经济发展很快，已由单一农业大市发展为门类较全，农、工、商、旅并举的组合大市；形成了现代装备制造产业，铝镁深加工产业，农产品加工产业，新型化工产业，新能源、新材料、新技术产业等具有区域特色的优势产业集群。2013 年全市生产总值 1 140.1 亿元，固定资产投资 1 008.9 亿元，三大产业比重为 1∶2.58∶2.24。同时也付出了一定的环境代价，运城的主要环境问题是资源危机和环境污染，其特征是以 $SO_2$ 为主、悬浮颗粒物为副的环境空气污染，以氮素和有机物为主要的水体污染；冬季是严重污染的季节，并有从城市向乡村蔓延扩展的趋势。积极调控和解决这些环境问题，改善运城的环境状况，是运城发展经济的关键所在。

## 一、运城环境问题的现状

### （一）环境空气状况

运城市环境空气的主要污染物中，$SO_2$ 的污染有逐年增加的趋势，$NO_x$ 和 TSP 的日均值年际变化出现不稳定的略有增加的势头。环境空气质量现状为中度污染，运城市环境空气污染物贡献率为 $SO_2$＞TSP＞$NO_x$，各污染物的污染负荷分别为：$SO_2$=48.4%，TSP=43.5%，$NO_x$=8.1%。2013 年度，$SO_2$ 年平均浓度为 0.059 mg/m$^3$，$NO_x$ 年平均浓度为 0.027 mg/m$^3$，颗粒物 $PM_{10}$ 年平均浓度为 0.116 mg/m$^3$。

从季节污染分析，夏季是最轻污染的季节，冬季是最严重的污染季节，环境空气污染的年内变化规律为（以污染重轻顺序排）：冬季＞春季＞秋季＞夏季。2015 年部分县区同比还有上升的趋势。

### （二）水环境质量状况

运城市的地表水属严重污染。汾河、涑水河两条主要河流，其水质均劣于《地表水环境质量标准》（GB 3838—2002）V 类标准。污染特征是以氮素和有机物为主要污染物的水质污染。2012—2015 年地表水的污染虽呈不稳定的、波动的减轻趋势，但仍属严重污染。主要污染物为 $NH_3$-N、COD、$BOD_5$、$S^{2-}$、挥发酚等。地下水质已受到程度不同的污染，主要污染物为氨氮、硝酸盐氮、亚硝酸盐氮、氟化物、硫酸盐等。

### （三）生态环境质量及问题

运城市农耕历史悠久，土地利用率高达 80%以上，生态环境质量不容乐观，耕垦指数超过全省平均水平，达 43.7%。大量化肥和农药的施用，致使生态平衡与生物种群的稳定遭到了一定程度的影响。1995—2015 年全市化肥年施用量达 71 万 t，农药年施用量达 5 794 t，平均亩施化肥 78.4 kg，亩施农药 2 kg。化肥和农药施用很不平衡，部分农田化肥、农药残留量增多。目前运城市已出现部分土壤的化肥、农药的危害，造成土壤板结，作物贪青晚熟，淋溶下渗流失，造成土壤和水体污染。还有超标污水的灌溉、大气降落物的污染、工业固体废物的不规范堆存，使土地和作物的污染增多。

## 二、环境问题的主要原因

### （一）污染物排放量增大

随着经济发展，工业企业数量增加较多，工业“三废”排放增多。2013 年运城市工业废气排放总量（折标态）3 121.8 亿 $m^3$，工业废水排放总量为 15 556.1 万 t，工业固体废物排放总量 7.90 万 t。万元产值废气排放量（折标态）2.79 万 $m^3$，万元产值废水排放量 13.89 t，万元产值固体废物排放量 70.5 kg，均处于较高的排放水平。

2013 年主要污染物排放量和排放强度也增加较多，化学需氧量排放总量 6.802 1 万 t，污染物排放强度为 0.014 191；氨氮排放总量 0.850 9 万 t，污染物排放强度为 0.001 775；二氧化硫排放总量 14.288 7 万 t，污染物排放强度为 0.029 81；氮氧化物排放总量 11.953 8 万 t，污染物排放强度为 0.024 939；烟尘排放总量 7.549 4 万 t，污染物排放强度为 0.015 752；工业粉尘排放总量 5.271 8 万 t，污染物排放强度为 0.010 995。

## （二）城镇乡村的环境基础设施严重滞后

城镇扩大迅速，人口增加，但环境基础设施建设缓慢。突出体现在城镇气化率低、集中热率低、环境绿化率低、烟尘控制区发展水平较低，污染物排放总量控制力度和污染治理资金投入较低。生活污水再生利用率仅 13.45%。污水处理厂扩容提标、姚暹渠综合整治工程、生活垃圾渗滤液处理设施建设等进展缓慢，加剧了地表水、地下水环境的污染。

## （三）资源利用效率低下

运城市矿产资源较为丰富，高能耗、高水耗行业较多。运城市天然水资源总量为 133 362 万 $m^3/a$，其中河川径流量为 58 690 万 $m^3/a$，地下水资源量为 103 284 万 $m^3/a$，二者重复量为 28 612 万 $m^3/a$。水资源可利用量为 80 961 万 $m^3$，其中地表水可利用量 24 444 万 $m^3$，地下水可利用量 66 178 万 $m^3$，二者重复量为 9 661 万 $m^3$。用水量逐年增加，万元产值耗水量高达 222.7 t，大于我国东南沿海地区的 176 t。

## （四）不合理的能源结构

占能源消费的 99.25%以上煤炭是运城市的工农业生产和人们生活的主要能源消费构成。目前乃至相当长的时期内，能源消耗主要依靠煤炭，是不合理的能源结构。环境空气的煤烟型污染仍在继续发展，大量由消耗煤炭产生的废气直接排放到环境空气中直接影响着环境空气质量状况。万元产值耗煤量高达 3.15 t，远高于我国东南沿海地区的 1.005 t。2013 年全市能源消费总量为 2 517.86 万 t，全市 GDP 为 1 140.1 亿元，全市万元 GDP 能耗为 2.208 t 标准煤。

## （五）环境保护责任落实不到位

环境保护是全社会的事情，要动员全社会的力量才能奏效。有关职能部门和企业的环境保护责任落实不到位，致使环境受到不同程度污染。如面源污染失于监管，2015 年原环境保护部现场检查发现 40 多处焚烧秸秆、焚烧垃圾、道路扬尘等现象，对环境空气质量影响较大，还有部分企业环境风险隐患较大等。

## （六）环境治理和环境科技研究资金严重不足

2011—2013 年，运城市环境保护投资共计 46.67 亿元，国内生产总值合计为 3 224.9 亿元，环境保护投资指数平均为 1.45%，其中绝大部分为民间投资和上级投资。2013 年全年有 112 个项目列入国家、省各类科技计划，获得项目研究资金 3 344 万元，其中列入环境科技投资的仅有 10 万元。

## （七）特殊的地理环境

运城市是一个相对封闭半闭流的盆地地形，四周的环山使盆场地内的辐射和地形产生的大气温度层结十分复杂。此种气象条件不利于大气的垂直对流，不利于污染物在垂直方向的扩散。特别是早晚地形风交换时，近地面的逆温层形成得早，消散破坏得晚，大气扩散不好，阻滞了污染物在垂直方向上的扩散。同时，运城地区地处黄土高原，地面为松散的第四纪风成黄土所覆盖，耕垦指数较高，林草覆盖率低，水土流失严重，十年九旱，冬春干旱多风，地面风沙较多，引起的扬尘和浮尘天气时常出现，造成大气悬浮物微粒污染较多，是总悬浮粒污染的重要来源，加上不利的气象因素，是雾霾天气的成因之一。

盐湖水面低于永济市的黄河水面。运城盆地地下水的径流没有出路，废水的排放去路不畅，从四面向盆地中心汇集。在水源及其利用上，运城是山西省水资源最贫的地区，人均水资源仅 300 $m^3/a$，低于山西省（478 $m^3/a$）和全国（2 700 $m^3/a$）平均水平，远远低于世界（11 143 $m^3/a$）平均水平。地下水年开采总量高达 12 746 万 $m^3$，超采 39.6%，破坏了地下水的积蓄平衡，使运城盆地地下水形成了面积达 1 300 $km^2$ 的下降漏斗。地下水位一般下降 40～50 m，最深下降 77 m，加剧了污染物下渗水体。

### （八）环境管理与社会发展

2000年改市以来，运城市环境保护迈出了可喜的一步，在污染防治上，由单纯的“三废”末端治理逐步进入了“以防为主、防治结合”的综合整治新阶段，在环境管理手段上由单一的行政管理逐步向运用行政、法治、技术、经济、教育等多种手段的综合管理方向发展。“三废”处理设施总投资增加了不少。工业废水处理达标率增加 42.7%，废气处理率提高 29.0%，粉尘回收率提高 37.2%。设计处理利用“三废”能力也日益剧增。环保工作人员辛勤工作，使环境污染状况增长缓慢，趋于稳定。但是环境管理与社会发展极不平衡，环境保护在运城地区起步较晚，仅30余年的时间，环境管理在人力、物力、财力上发展相对较慢，全区工业生产总值成倍增长，“三废”排放成倍增长，加上历史上的欠账，环境管理与社会发展很不协调。

## 三、环境建设战略思考

粗放型的经济增长方式，必然导致大量的环境问题，必然导致资源的过度索取，必然增多自然灾害和生态退化，必然给人民群众的健康安全和经济财产带来极大的损害。环境问题是全社会的事情，要动员全社会的力量，落实环境保护责任，走科技先导型、资源节约型、清洁生产型、生态保护型的经济发展之路。这也是运城市经济可持续发展的必然选择。应根据运城市的环境、资源特点，加强环境保护、又好又快地建立适合运城市市情的经济发展模式。建议从以下几个方面进行思考。

### （一）构筑生态工业体系，提高经济增长速度

厘清发展思路，更新发展观念，转变把简单的增长等同于发展的观念。要重视开发与节约并重；速度与效益并重；外延与内涵并重；GDP增长与环境保护并重；近期与长远发展并重。转变经济的增长方式，又好又快地发展经济。

根据运城市的资源条件和环境特点，逐步调整城市布局，加强城镇环境管理和城建规划工作，对产业结构和现有工业进行改造，实施治污能力再提高和污染治理全面达标工程。并把环境指标如万元产值耗水量、万元产值耗煤量等，排放指标如万元产值废气排放量、万元产值废水排放量、万元产值固体废物排放量等环境问题评价指标纳入国民经济和社会发展的计划和规划中，明确环境和经济发展的目标和关系。

加强联合，发展股份制，建立现代企业管理制度，要集中资金，打造品牌，实施集团化管理，营造行业航空母舰。避免不顾资源条件、环境成本、产业布局，片面延伸产业链。提高资源配置效率，消除结构性

污染，建成资源节约型社会。因地制宜地发展少污染、无污染的行业和产业。

### （二）构筑生态农业体系，加快发展绿色产业

运城农业开发历史较长，植被覆盖率较低，水土流失严重，地面风沙扬尘较多。要大力发展生态农业、生态林业、生态水利，提高土地集约利用水平。坚持城镇污染防治与生态综合整治一起抓的原则，用生态农业的原理指导农业生产。围绕新农村的建设和农业科技示范园，强化节水农业、水土保持、生态农业的科技知识，改善生态环境，积极推进生态农业建设。

加强农业的环境保护，提高环境自净能力。提倡配方施肥，提高化肥利用率，提倡高效、低残留农药。提高绿化覆盖率，提倡农田林网化，涵养水源，改善环境小气候，提高环境容量，以减少风沙，降低地面扬尘，促进农业生态的良性循环。

### （三）构筑科技发育体系，搭建循环经济平台

充分发挥科技是第一生产力对环境保护的支撑作用，开展环境与发展政策和战略研究，为环境管理和宏观决策服务。重点研究污染防治、清洁生产、节能降耗、生态保护等基础性课题，引进污染治理技术和改善环境的高新技术，加强环保科技成果的推广与应用。集中力量搞好实用技术攻关。紧紧围绕重点流域、区域、城市污染防治和生态环境保护等重点工作。大力推广成功的循环经济实践模式，开发和示范节约资源、减少污染的新技术、新方法等，使资源消耗由高转低，污染物排放逐步下降。

研究建立环境投资体系，环境建设是一项长期的任务，需要巨大的

资金投入，故须研究建立长期稳定的环境投资体系，研究制定加强环境建设和环境管理的政策措施；研究防治污染新技术、新工艺；运用排污收费的经济手段促进企业搞好污染防治。发展环保事业，为环境综合整治积累资金，保证环境规划目标的实施和可持续发展。

### （四）构筑环境综合整治体系，调控改善环境质量

实行社会经济政策同环境保护政策相结合的原则，建立综合决策机制。严把行政审批、设施运行和资金投入“三关”。坚持预防为主，保护优先，依法打击违法行为，使生态环境步入有序的保护轨道。完善政策法规体系，出台地方法规，把环境问题纳入法制化、机制化轨道。提高资源配置效率，消除结构性污染，建成资源节约型社会。

逐步调整城镇建设布局，加强完善城镇环境管理和建设规划工作，加快城市基础设施建设步伐，在集中供热、燃气综合利用、垃圾无害化处理、污水处理厂等方面取得突破性进展，制定和出台优惠政策，采用多种模式，实现治污能力再提高。

对千家万户的面污染问题，积极加速集中供热和联片采暖的步伐，加速城市煤气化进程。水资源的开发利用上，要严格管理，把耗水量纳入生产指标管理体系，废水的排放严格实行达标排放、总量控制。

### （五）构筑环保责任体系，落实环境保护责任

环境保护是一项复杂的系统工程，需要统筹安排，合理布局，严格环境规划。“八五”期间，运城地区进行了垣曲、河津等县（市）的区域环境污染防治规划，取得了明显的经济、社会和环境效益。要继续发扬成功经验，逐步建立完整和科学的环境与可持续发展战略的规划体系，兼顾当前与长远利益，使运城地区的经济、社会与环境达到协调统一和

可持续发展。

可持续发展的战略需要走环境综合整治的道路，需要全社会的力量紧密配合，按照职能分别从不同的角度共同管理环境。加强解决环境问题的组织领导，强化环境保护委员会的作用，建立多部门有效的合作协调工作机制，落实环境保护责任。加大监管执法力度，依法严肃查处违反建设项目环境保护管理规定、污染防治设施不完善或不正常运行、超标排放、偷排偷放等环境违法行为，加快解决影响可持续发展和损害群众健康的突出环境问题，着力推进环境质量改善。

近年来，国家和省颁布了一系列的环境保护法律、法规和规范性文件，使环保工作走上了法制化轨道。根据运城的环境实际，克服地方经济保护主义，做好有关法律法规和规章制度的配套建设，适时制定有关环境保护的地方法规、管理办法和实施细则等。

## 参考文献

[1] 运城地区地方志编纂委员会. 运城地区志. 北京：海潮出版社，1999.

[2] 运城市环境保护局. 运城环境保护三十年. 北京：中国环境科学出版社，2010.

[3] 山西省运城市统计局，国家统计局运城调查队. 运城统计年鉴—2013. 北京：中国统计出版社，2013.

[4] 黄勋会，车俊峰，杨方刚. 古中国觅踪. 太原：山西出版集团·山西人民出版社，2014.

# 做坚持绿色发展的旗帜
## ——张家界市以环境整治“6+1”行动推动生态市建设实践

湖南省张家界市环境保护局 朱敷建

**摘　要：**张家界市以良好的生态环境著称，2014年以来，大力实施环境整治六大专项行动和重点村居家庭清洁行动（环境整治“6+1”行动），采取强化组织保障、加大资金投入、加大宣传教育、加强环保执法监管、严格督查考核等有效措施，整治张家界市生态环境，推动生态市创建。
**关键词：**环境整治　专项行动　环境保护

环境保护的重要性说起来人人都知道，关键是难在持之以恒，难在敢于向环境污染“痼疾”开刀，难在协调处理好经济建设与环境保护之间的关系。张家界市作为世界自然遗产所在地、以良好生态著称的世界知名旅游城市，一直以来高度重视环境保护工作，把爱护环境作为发展的生命线，积极探索环境保护的长效机制。2014年以来，张家界市紧紧围绕“生态立市、旅游强市”战略，大力实施环境整治六大专项行动和重点村居家庭清洁行动（以下简称环境整治“6+1”行动），经过两年多的时间实践，取得了明显成效，创造了环境保护“张家界”样本。

## 一、全面覆盖，打一场环保硬仗

环境整治“6+1”，“6”即在全市范围开展大气污染防治、水污染防治、垃圾治理、畜禽养殖污染整治、噪声污染整治、群众性绿色创建等环境整治六大专项行动，“1”即每年在沿水、沿路、沿城、沿景“四沿”重点范围选择若干个村居开展垃圾治理、污水整治、清洁庭院、规范养殖、室内卫生、树立新风等为整治内容的家庭清洁行动。“6+1”行动分为7大块25个小项，几乎覆盖环境保护方面所有存在的突出问题和需要重点开展的工作。

（1）强化组织保障。环境整治工作是一项复杂的系统工程，张家界市推进环境整治“6+1”行动按照市级统筹、区县主体的原则，条块结合，各负其责，形成工作合力。区县和市直各有关部门结合各自职能职责和工作实际，研究制定翔实、具体的实施方案，细化责任分工。同时健全乡镇环境保护机构，全市所有乡镇设置环境保护所，配备兼职所长一名和环保专干一名，并经常组织开展生态环保工作培训，实现了对环境整治工作的组织保障。

（2）加大资金投入。各区县加大环境整治投入，国家重点生态功能区转移支付资金用于环境专项整治不低于20%，用于生态保护不低于50%，农村垃圾治理保障资金区县财政投入按农村人口增加至人均15元以上。增加生态创建及环境整治市级财政资金投入，对验收合格的市级生态村由市、区县两级按1∶1比例给予奖励，每个村市里奖励1万元，区县配套1万元。积极争取国家、省级政策扶持及专项资金支持。同时，进一步拓宽资金渠道，逐步建立政府、企业、社会多元化投资机制，采取“以奖代补”“以奖促防”“以奖促治”的方式，推进环境整治工作良性发展。

（3）加大宣传教育。充分发挥电视、广播、报刊、网络等媒体的作用，广泛开展环境保护宣传教育，引导广大群众养成健康文明的生活方式。将环境保护纳入中小学教育课程和各级党校培训班课程，大力倡导文明新风和绿色发展理念，切实提高市民文明素质。利用“4 • 22”世界地球日、“6 •5”世界环境日，结合环境整治六大专项行动，采取宣传车、宣传牌、宣传栏、宣传册等群众喜闻乐见的形式，动员广大群众和社会各界积极参与到环境整治行动中来，形成全社会关心、支持和参与环境整治的良好氛围。

（4）加强环保执法监管。认真贯彻实施新《环境保护法》，持续保持环保执法监管高压态势，维护好区域环境安全和公众环境权益。通过环保专项行动等形式，坚决做到对环境违法行为零容忍、严打击、重处罚。建立完善环境违法行为有奖举报、环保黑名单、环境违法行为公开曝光等制度。建立健全环境执法部门协作配合机制，采取综合惩处措施，强化执法威慑力。

（5）严格督查考核。把环境整治六大专项行动纳入政府目标管理任务和绩效考核内容，严格实行领导负责制和责任追究制。建立健全定期和不定期督查机制，对督查结果进行通报。对工作突出的区县和单位予以表彰奖励；对行动慢、力度小、重视不够的区县和单位予以通报批评，限期整改。

## 二、措施有力，整治成效突出

30 天，一百多名村民免费投工投劳，在澧水渔潭库区漂浮了近 20 年的约 400 t 垃圾被清理干净。这是张家界市环境整治“6+1”行动取得的一个大的战果。这也体现了张家界市开展环境整治的决心，不敷衍，不回避，用敢啃“硬骨头”的精神，向群众反映强烈、影响特别恶劣的环保突出问题“开刀”。

针对群众反映强烈的建筑扬尘污染问题，张家界市加强建筑渣土管控，强化施工企业环保责任制的落实，禁止高空抛撒建筑垃圾；推进渣土密闭化运输，运输车冲洗上路，重点工地、重点路段实行24小时监管，对沿途抛撒、滥倾乱倒等违法违规行为严处重罚。

为减少大气污染，在全市投入新能源公交车291台、出租车492台，淘汰黄标车和老旧车3 739辆。

为维护景区生态，向武陵源核心景区违章建设、违规经营行为“亮剑”，取缔景区非法经营场所设施198家，拆除违章建设121处，清理、冲洗排污口 24 处，拆除水泥地面 50 处 8 866 $m^2$，恢复植被 20 处 12 101 $m^2$。

实施碧水工程，全面完成中心城区澧水两岸截污干管改造和东门溪雨污分流治理工程，实现“污水入管，清水入河”。

2014年以来，投入3.1亿元，新建了宝塔岗、澧兰、樟树角、街景等6个城市公园，提质改造了紫舞、大庸桥、梅家山3个公园和思善桥、东门桥、鹭鸶湾等7个小游园，全市新增城区绿地面积86万 $m^2$，实现了城区绿化覆盖率40%的目标。

绿色创建活动蓬勃开展，全市累计建成国家级生态示范区1个、生态乡镇6个、生态村3个；省级生态区1个、生态乡镇51个、生态村121个；市级生态村912个。创建绿色学校44所，绿色小区32个，绿色酒店26家，环境友好型企业12家，绿色家庭47户。

首批和后续参与家庭清洁行动的 170 个村居，开展集中整治行动2 000余次，排查卫生死角2 800余处，清理暴露垃圾8 000多吨，清淤渠道 24 万余米。同时，通过开展“大评比、小奖励”等活动，破除乱扔乱倒等陈规陋习，广大群众环境卫生意识逐渐增强。

通过环境整治“6+1”行动，张家界市环境质量明显改善。2014 年上榜由中国城市竞争力研究会发布的“中国十佳最干净城市”；2015 年上榜“中国十佳空气品质城市”；2016 年空气质量优良天数达 299 天，优良率达 83.8%。全市各省控地表水监测断面水质常年保持在Ⅱ类以上，集中式饮用水水源地水质达标率为 100%。城市垃圾无害化处理率 达 100%。全市森林覆盖率达到 70.98%，中心城区绿化覆盖率达到 39.6%。武陵源区建成国家级生态示范区，张家界市成为中国绿色旅游示范基地。“天蓝、水绿、山青”“生态宜居”等成为张家界这座城市的标签。

同时实现了生态和经济和谐共赢。张家界近年来旅游接待人次连跨 3 000 万、4 000 万、5 000 万、6 000 万大关。2016 年，全市共接待游客 6 143.16 万人次、实现旅游总收入 443.06 亿元，同比分别增长 21.05%、30.06%，增幅创建市 28 年以来新高，居同期全国同类城市第一。

## 三、任重道远，实现生态市创建

虽然张家界市在开展环境整治“6+1”行动推动生态市建设中取得了突出的成效，但也存在一些问题，主要表现在：

（1）整改问题死灰复燃。一些整治行动当时取得了很好的效果，但有“一阵风”的现象，长期监管机制欠到位。这个问题主要是集中体现在垃圾治理方面，少数老百姓思想素质不高，没有养成良好的卫生习惯，相关部门监督管理欠完善，导致集中清理行动之后，又出现垃圾乱堆乱放、乱扔乱倒现象，使整治效果受到影响。

（2）部分领导对环保工作重视不够。部分领导缺乏“民本位”思想，没有保护环境就是保护生命的意识，只看重经济增速，不关心环境指数；只管引进项目，不考虑城市的可持续发展。对环境工作不看重，导致环境保护工作推动、举措落实乏力，达不到预期的效果。

（3）农村环境问题比较突出。污水集中处理设施建设刚刚起步，污水处理率低，偏远地区大量污染物基本直排；有些乡镇垃圾没有及时清运，简易堆存、简易填埋、简易焚烧，不符合环保要求；规模以下畜禽养殖场（户）污染治理很难到位，粪污综合利用率较低；农业耕种方式没有得到根本改变，农药、化肥施用情况没有得到很好控制，不但污染环境，而且造成耕地质量下降。

（4）压力传导不够，环保追责力度偏软。张家界市虽然出台了《张家界市环境问题（事件）责任追究办法（试行）》《张家界市党政领导干部生态环境损害责任追究实施办法（试行）》及《张家界环境保护工作责任规定》，但在执行方面失之于宽、失之于软，对少数不作为、缓作为、不敢为的情况没有及时发现，没有严肃追责。

张家界要取得环境整治长期效果，还要进一步深入开展好环保宣传教育工作，让环保宣传教育进社区、进乡村、进学校，创新方式方法，让群众有直观的感受，有深刻的认识，从而自觉地参与到环保行动中来。要进一步严格落实环境保护“党政同则”“一岗双责”制度，按照谁主管、谁负责，谁监督、谁负责和谁审批、谁负责的原则，实行严格的责任追究；对久拖不决、群众多次举报无果的环境举报问题，实行责任倒查，形成环保高压线不能碰的强烈氛围。要以环境整治“6+1”行动为平台、为抓手，进一步扩大整治范围，充实整治内容，突出重点任务，力争 2020 年实现生态文明建设示范市创建和环境空气质量达标城市创建两个目标。要以对子孙后代高度负责的态度，牢固树立“绿水青山就是金山银山”的意识，扛起绿色发展大旗，跑在全国前列。

# 厘清责任　完善制度
# 建立健全政策执行监管长效机制

江苏省徐州市环境保护局　严　民

**摘　要：**徐州市落实中央环保督察反馈意见，认真剖析新沂市华达钢铁有限公司长期违法生产“地条钢”问题，找准原因，深入分析，举一反三，汲取教训，进一步强化环保执法监管，推进环保政策执行。

**关键词：**违法生产　执法监管　长效机制

## 一、问题背景

为贯彻落实党中央、国务院关于环境保护督察的重要决策部署，经党中央和国务院批准，中央第三环境保护督察组于2016年7月15日进驻江苏省开展为期一个月环境保护督察工作。7月25日—8月6日，督察组下沉徐州市开展督察工作。11月15日，督察组对省情况进行反馈，涉及徐州市的内容有提升环境空气质量、化解钢铁过剩产能、治理污染企业、清理违规建设项目、严格环境执法监督管理5大类19个方面，其中一项重要内容就是钢铁落后产能淘汰和过剩产能化解。督察期间，7月29日央视曝光新沂华达钢铁有限公司长期违法生产“地条钢”事件，在社会上造成恶劣影响。7月30日，新沂市政府对新沂市华达钢铁有限公司断电销户，彻底拆除12台中频炉、3条生产线及配套烟囱、厂房。开展责任追究，严肃追究了新沂市华达钢铁有限公司负责人的法律责任，刑事拘留企业负责人及伪劣产品经销商共10余人；严肃追究了属地和相关部门的监管责任。这一系列事件反映徐州市在执行国家及省相关政策方面还存在薄弱环节，亟须找准问题，分析原因，建立健全政策执行监管长效机制。

## 二、原因分析

（1）干部考核导向存在偏差。个别地方在考核领导班子及领导干部时，注重经济发展指标，轻视环境保护指标，造成一些干部片面追求“政绩”，忽视了绿色发展、协调发展、可持续发展，出现短期行为现象。选拔任用干部时，过分强调拟任人选的经济发展政绩，忽视了对拟任人选政绩观、绿色发展理念、依法行政等方面的综合考察，造成“数字出干部”“干部出数字”的现象。

（2）对非重点行业监管存在薄弱环节。基层环保执法队伍由于人员编制少，机构不健全，执法能力不足，执法监管难以做到全覆盖。日常执法中往往更为关注重点污染源和重点风险源，对地处偏僻的类似地条钢生产企业、小砖瓦厂、采石场和铜山区众多小玻璃生产企业等非重点行业，还存在监管薄弱环节。加之这些企业一般多对局部地方经济收入和劳动力就业发挥重要作用，由此受到当地基层政府的极力保护，污染治理水平普遍低下。

（3）部门间职责不清晰。环境保护不仅是环保部门的职责，还需要所有相关职能部门协调配合、各司其职。在具体的环保工作中，往往涉及发改、经信、国土、规划、建设、质监、安监、水利、农业等多个部门，但由于部门责任清单尚不明晰，问题整改程序和流程不成熟，忌惮“越权”红线，多一事不如少一事，往往使得综合执法难以到位，导致了“地条钢”“小砖瓦”事件的发生。

（4）基层环保执法偏弱偏软。对基层环保执法人员来说，环保人事权在地方，吃的也是当地的饭，当环保与地方经济发展产生冲突时，一些地方党委、政府往往要求环保部门服从“发展大局”。有的地方环保局对开发区不敢查、对重点保护企业不敢查、领导不点头不敢查，环境执法到位难度相当大，即便对违法企业实施处罚，也存在“虚”多“实”少，不能产生强有力的威慑。一些地方政府对环保部门的要求重视程度不高、落实力度不够，导致一些小企业的违法行为痼疾难除。新沂的小钢厂、铜山的玻璃企业、市区的混凝土搅拌站等环境问题，市环保局就不止一次致函当地政府予以解决，但迟迟得不到落实。全市的砖瓦生产企业早在 2016 年年初市环保局就布置专项整治，但进展缓慢。

## 三、对策建议

（1）牢固树立绿色发展理念。徐州市各级党委、政府应牢固树立绿色发展理念，强化绿色发展导向，努力构建节约资源和保护环境的空间格局、产业结构、生产方式。环境保护规划、政策、措施等应当统筹纳入发改、组织、人事等部门的综合规划与工作考核之中；环境保护投入、建设、发展等应当统筹纳入财政、住建、国土等部门的相关投资计划与实际建设之中；环境保护污染防治、自然保护、生态修复等应当统筹纳入工农业、林牧业、矿产业等部门的生产发展与治理保护之中；环境保护监管、监督、执法等应当统筹纳入工商、城管、公检法的相关日常监管与司法打击违法犯罪之中。完善监管体系建设，形成党委组织领导、政府具体实施、部门各司其职、社会广泛参与的环境监管格局。加大投入力度，将生态环境治理与保护列为公共财政支出的重点，安排专项资金支持大气、水、土壤、重金属污染防治以及生态保护与修复、生态环保能力建设。提升监管能力，统筹推进环境保护各职能部门监测、监管、应急等队伍的标准化和现代化建设。严格监管执法，对各类环境违法行为实行“零容忍”。

（2）厘清环境保护责任清单。参照省委、省政府印发实施的《江苏省生态环境保护工作责任规定（试行）》，尽快制定出台徐州市生态环境保护工作责任规定，坚持“党政同责”和“一岗双责”原则，进一步明确党委、政府、党委各部门、政府各职能部门、法院和检察院履行生态环境保护工作责任，建立政府负主导责任、相关部门负监管责任、企业负直接责任的责任体系，解决地方政府对环保政策的不适应、对环境执法的干预及部分地区存在的执法不严、基层执法能力明显不足等问题，有效地实行最严格的环境保护制度。环保部门主要履行严格环境监管执法、科学监测评价环境质量等职责，提出治理保护对策建议，参与经济社会发展综合决策，并依法对下级人民政府及其有关部门环境保护工作进行监督，真正实施统一监督管理。各相关部门“管行业必须管环保，管业务必须管环保，管生产经营必须管环保”，各司其职，履行法定监管责任，“尽责免责、失责问责”。

（3）完善相关制度。建立健全并严格落实适应绿色发展要求的党政领导干部政绩考核制度，按照《关于改进地方党政领导班子和领导干部政绩考核工作的通知》（中组发〔2013〕22 号）精神，进一步完善政绩考核评价指标，突出科学发展导向，在地方党政领导班子和领导干部年度考核、任职考察、换届考察等工作中，把有质量、有效益、可持续发展的生态文明建设指标列为考核评价重要内容。逐步建立环境保护约束性指标考核体系。严格生态环境损害责任追究，按照《党政领导干部生态环境损害责任追究办法（试行）》（中办发〔2015〕45 号）精神，坚持依法依规、客观公正、科学认定、权责一致、终身追究的原则，对损坏生态环境负有责任的党政领导干部进行责任追究。开展领导干部自然资源资产离任审计。全市各级党委及组织部门在地方党政领导班子成员选拔任用工作中，按规定将资源消耗、环境保护、生态效益等作为考核评价的重要内容，对给国家利益造成重大损失的，损坏群众利益造成恶劣影响的，造成资源严重浪费的，造成生态严重破坏的，按规定给予组织处理或党纪政纪处分。

（4）落实网格化监管要求。按照网格化管理职能，严格落实地方党委、政府主要负责人为网格长、各职能部门为网格责任人制度，实行重点污染源责任制和责任追究制，建立责任法定化。完善市、县（区）、镇（街道）、村（社区）级环境监管网络，建立自上而下的高效运行机制，将每个污染源的监管、督察和环境信访及风险化解责任落实到具体人，尤其对重点企业要选派得力人员驻厂督察，问题不解决、污染不消除、企业不达标，坚决不撤人、不撤手。对于恶意排污、屡查屡犯的企业，实施严格处罚，涉及刑事责任的依法依规移送处理。

（5）加强督查、考核、问责力度。针对中央环保督察反馈的问题，省委、省政府形成了整改方案，并下发了《两减六治三提升》专项行动方案，徐州市也将按照省统一部署，扎实开展“二六三”专项整治行动，重点推进“减少煤炭消费总量”“减少落后化工产能”“治理燃煤污染”“治理生活垃圾”“治理黑臭水体”“治理畜禽养殖污染”“治理挥发性有机物”“治理环境隐患”“提升生态保护水平”“提升环境经济政策调控水平”“提升环境执法监管水平”共计 11 个方面的工作，并根据徐州市市区空气质量现状，继续开展市区空气环境综合整治，将相关任务分解到各相关部门，实行属地负责制。市里要成立有纪检监察部门同志参加的专门督查组，对各专项行动实施方案落实情况开展跟踪督查，及时通报。对不作为、慢作为或工作推进不力，影响方案实施进度的单位及个人，严格按照相关规定实施问责。同时，将环境保护工作纳入市委、市政府对各县（市）、区重点经济工作考核和市机关绩效考核。

# 用新思路开创新常态下大气污染防治工作新局面

河北省衡水市环境保护局　何立涛

**摘　要：** 保护生态环境是党和国家的基本国策，当前，大气污染状况依然严峻，为切实解决大气污染问题，本文认为要找准大气污染防治的突出矛盾和关键问题，从明确目标责任，坚持科学治霾，建立专家队伍入手，强化重点措施，如强化环境信用评价机制、强化燃煤污染治理、强化重点污染源治理、实行“一厂一策”监管等，并强化党政同责，全力推进大气污染综合整治。

**关键词：** 大气污染防治　举措　生态环境　保护

保护生态环境是党和国家的基本国策，习近平总书记指出“环境就是民生，青山就是美丽，蓝天也是幸福”，强调“建设生态文明，关系人民福祉，关乎民族未来”，“保护生态环境就是保护生产力，改善生态环境就是发展生产力”。当前，我国大气污染状况依然令人忧虑，环境问题已经对公众健康产生影响。要全面解决大气污染问题，务必要找准大气污染防治的突出矛盾和关键问题，明确治理方向，科学把握治理的重点、优先顺序、主攻方向，全力推进大气污染综合治理各项工作。

## 一、强化顶层设计，明确目标责任

为切实解决大气污染问题，衡水市坚持科学治霾、协同治霾、铁腕治霾，将大气污染综合治理的方案和规划做到标准更高、要求更严、工作更新、力度更大、重点更精准、效果更明显，出台了《关于强力推进大气污染综合治理的意见》和27个专项治理方案，突出重点领域（压煤、优企、抑尘、控车、增绿）、重点时段（冬季取暖期）、重点区域（市主城区和各县市建成区），强化联防联控、应急响应，动员全党全人民力量，全力打好打赢大气污染综合治理攻坚战。

## 二、坚持科学治霾，建立专家队伍

### （一）成立专家咨询委员会

聘请中国科学院大气物理所研究员王自发，华南理工大学教授、博士生导师郑君瑜，南开大学博士生导师、教授冯银厂，河北省环境应急与重污染天气预警中心正高级工程师王晓利，河北省气象科学研究所研究员石立新组成衡水市大气污染治理咨询委员会，同时组成了由一名博士、三名硕士带队的专业技术团队进行驻市服务，驻市技术支持人员在专家咨询委员会的指导下开展工作，对衡水市空气质量污染特征进行实时分析，开展大气颗粒物成分研究，分析污染成因，提出基于不同情景下的达标调控意见。每日对衡水市大气污染状况分析，做到以时保日、以日保周、以周保旬、以旬保月、以月保年。

## （二）建设智慧环保管理平台

建设集监测、预警、指挥、执法于一体的信息化大数据管理平台，在工业聚集区企业、国控监测点周边重点部位、市内餐饮聚集区、4S 店聚集区所在区域安装 280 余个监测点，搭建起了集实时监测、实时预警、实时指挥、实时执法“四位一体”的智慧环保平台，实现了从传统管理模式向现代管理模式、粗放式管理向精准式管理、点对面监控向点对点监控的转变，有效弥补了传统管理模式反应滞后和效率低下的不足，大大提升了企业环保和守法意识。同时，该平台与住建部门的建筑工地扬尘在线监测监控信息平台、城管部门的渣土车 GPS 定位信息平台形成优势互补，推动了全市各类环境信息资源高效、精准传递，摆脱了环保部门“单兵作战”的局限，提升了多部门协调联动能力。

## （三）摸清排污底数，建立排污清单

衡水市组织华南理工大学、凯天环保有限公司、市环境科学研究院、市环境监测站、市环监局业务骨干在全市域范围内开展大气污染源清单编制工作，全市共摸排工业企业 4 077 家，经营性堆场 316 家、施工工地 188 家、加油站 346 家、餐饮企业 907 家、单独锅炉 327 家和玉米脱粒 346 家。摸清了衡水市大气污染源情况与特征，编制了《衡水市大气污染源调查与人为源排放清单编制分析报告》，构建出衡水市排放源分类体系。根据大气污染源清单，我们还建立了“工业企业台账、建筑工地台账、裸露土地台账、混凝土搅拌站台账、料场堆场台账、工程机械台账、道路施工台账、道路保洁台账、餐饮业台账、储油库台账、加油站台账、汽车维修业台账、机动车保有量台账、畜禽养殖业台账”14 个专项台账，并对台账实行一月一更新，一日一增补。将当日新开工工地、新投产企业等新污染源纳入台账。同时建立专项检查台账制度、整改台账制度，切实做到“底数清、措施强、整改实”，确保工作实效。

## 三、强化重点举措，坚持铁腕治污

### （一）强化环境信用评价机制

实行环保黑名单制度，倒逼企业全面提升自律意识和守法意识。凡是列入黑名单的企业，实行“五个一律”：一律收回排污许可证，暂停新建项目审批；一律通报银行业金融机构不予贷款，取消担保和融资资格，取消享受各类环保治理专项资金以及其他补贴资金、评优评先的资格；一律取消参与招标投标、政府采购、财政资金补贴等政府公共项目活动的资格；一律通报保险机构提高环境污染责任保险费率；一律挂牌督办，加大环境监管力度，增加执法检查和排污监测频次。

### （二）强化燃煤污染治理

首先，大力实施气代煤工程。2016年京津冀大气污染实施方案中提出大力推进气代煤工作，但未将衡水市列为工作重点，衡水市自我加压，出台了《衡水市市区煤改气工作实施方案》，启动了市区煤改气工作，共涉及233个村55 111户实施“煤改气”清洁取暖改造。在财政资金紧张的情况下，衡水市自筹资金为煤改气用户发放补贴，同时，为更好地鼓励居民使用天然气，衡水市扩宽思路，不再局限于炉具和接口费，而是从用气量上给予补贴，2016年衡水市煤改气改造费一次性补贴2 600元/户，采暖期内（11月15日至次年3月15日）市财政和区财政对使用燃气取暖用户分别给予1元/$m^3$和0.5元/$m^3$补贴，燃气取暖补贴暂定3个取暖期，此补贴政策在我省尚属首例，经过实践，该政策具有可复制性、可推广性。其次，全面实行集中供热和清洁能源供热工程。到2016年年底，全市采用PPP模式等共开工建设了15个大型集中供热项目，主城区已基本实现集中供热全覆盖，县城基本实现一城一热源，全市10 T/h以下分散燃煤锅炉已全部取缔。全市集中供热和清洁能源供热面积达到5 600万 $m^2$。最后，试点推开地热供暖工程。以具备地热开采条件的县（市）为重点，开展地热供暖改造工程，截至目前，已开采地热井213眼，每年地热水开采量为1 870万 $m^3$，供暖面积1 061万 $m^2$。

### （三）强化重点污染源治理

针对衡水市化工行业污染较重的特点，提出搬迁改造一批、整治提升一批、淘汰关停一批政策，对全市127家化工企业按优、中、差进行评级分类，列入优、中级别的企业按最新技术工艺进行改造提升，列入差级别的企业予以关停取缔。从2016年7月开始，停止审批主城四区化工项目，其他县市新建化工项目必须全部进入化工园区，并符合园区总体规划和产业布局。同时，结合化工企业污染成分的特点，分企业制定执法检查规范，做到精准执法、精准治理。

### （四）实行“一厂一策”监管

分行业、分企业编制了重污染天气应急响应操作方案，各重点污染源企业做到“一厂一策”，将各项任务细化为“谁来做”“何时做”“如何做”，以此完善重污染天气应急预案体系。将停限产措施在厂区醒目位置予以公示，确保措施可操作、可计量、可核实。

## 四、强化党政同责，坚持以上率下

### （一）强化督查考核机制

市委、市政府定期开展精准督导和专项检查，对各县市区和市大气办成员单位实施年度考核，对考核结果予以通报并向社会公开，作为领导班子和领导个人综合考核的依据，严格实行“一票否决”制度。对工作落后的县市区党政主要负责人和相关责任人进行约谈、通报或诫勉，对年度考核不合格的按照有关规定追究责任，实行区域项目限批。坚持“一案双查、上下连责”，对失职失责的严肃追责，既追究直接责任人、监察责任人的责任，又追究相关领导尤其是主要领导的责任。

### （二）完善监管执法机制

实行“双网格”环境监管机制，实时更新各级责任人信息，完善网格化监管内容，明确网格监管人员工作职责和工作标准，强化责任追究，促进守法常态。对存在违法排污行为的企业，加大执法检查频次和抽查比例，加大夜查、错时检查力度；对长期稳定达标的守法企业，适当减少检查频次，降低抽查率，维护和保障公平竞争的市场环境。

### （三）建立生态补偿制度

实施空气质量生态补偿，每月对空气质量考核排名最后的县市区按规定扣缴生态补偿金200万元，用于大气污染治理，以经济手段推进大气污染防治工作，同时每月将全市空气质量生态补偿金扣缴、奖励情况通过市内主要媒体向社会公布。

# 关于北京市顺义区以科技网格倒逼环保网格化监管工作落到实处的探索与思考

北京市顺义区环境保护局　张乙铭

**摘　要：**北京市顺义区基层环保工作力量、现有环境监管科技手段在当前环境治理工作要求下显得捉襟见肘，环境治理形势十分严峻，为解决此问题，顺义区通过现代化科技手段革新管理体制机制，建立空气质量监测小微站网络，用数据指导政府工作清理区域内主要污染源，建立环保三级网格，实现党政同责、一岗双责、上下同责，建立督查督导工作机制，保障环保网格有效运行，从而形成齐抓共管、联防联控的“大环保工作格局”，“一网打尽”全区各类环境污染源。

**关键词：**网格化管理　联防联控　空气质量监测网络

网格化监管是改进社会治理方式、创新社会治理体制的有力体现。在环境监管方面，《国务院办公厅关于加强环境监管执法的通知》（国办发〔2014〕56 号）、《北京市人民政府关于进一步健全大气污染防治体制机制推动空气质量持续改善的意见》（京政发〔2015〕29 号）、《北京市环境保护委员会办公室、首都城市环境建设委员会办公室、北京社会建设工作领导小组办公室关于印发〈实施网格化环境监管工作意见（试行）〉

的通知》均提出各级政府要实施环保网格化监管。北京市于2004年在全国率先推出城市管理网格化模式，2016年在全国率先推进城市管理网、社会服务管理网、社会治安网“三网”融合，始终在网格化体系建设上保持领先。但是在北京市现有网格体系中融入环保监管，由于缺乏环保专业技术、专职人员及专项工作机制的支撑，在运行管理模式、环保管理效果上都不尽如人意，难以实现环保监管真正扎根到基层。特别是在顺义区服务北京“四个中心”建设，服务城市副中心建设，围绕建设“港城融合的国际航空中心核心区、创新引领的区域经济提升先行区、城乡协调的首都和谐宜居示范区”奋斗目标的背景下，尽管顺义区环保部门与区政府各职能部门、镇（街道）政府逐步加强全区环保工作的协同作战能力，但基层环保工作人员力量、现有环境监管科技手段在当前环境治理工作要求下显得捉襟见肘，环境治理形势仍然十分严峻。为解决上述问题，顺义区以现代化科技手段倒逼现有管理体制机制进行革新，打造了环保网格化监管体系，形成了齐抓共管、联防联控的“大环保工作格局”，“一网打尽”全区各类环境污染源。本文就顺义区近半年来以科技网格倒逼环保网格化监管落到实处作一些探索和思考。

## 一、主要做法

### （一）以科技网格倒逼行政网格环保工作“守土有责”

顺义区建立了719个高精度、便携式的空气质量监测小微站，覆盖全区25个镇（街道）和全部531个村（社区）；以空气质量监测小微站数据为基础，结合卫星、气象等各类大数据分析手段与认知技术，对监测数据进行全面分析，科学研判重点监管区域。2016年年底筛选确定了全区第一批 79 个 $PM_{2.5}$ 高排放斑点图（斑点图是 500 m×500 m 的空间分辨率），2017 年上半年筛选确定了第二批 109 个 $PM_{2.5}$ 高排放斑点图。同时，及时将 $PM_{2.5}$ 高值区斑点图通报给镇（街道）政府，对其进行考核排名，督促乡镇（街道）政府“环保工作守土有责”。

### （二）以科学数据指导镇（街道）政府尽职免责

为了消灭本区域的 $PM_{2.5}$ 高排放斑点图，促进空气质量逐步改善，镇（街道）政府积极主动作为，实现了从“要我干”变为“我要干”。一是清理 $PM_{2.5}$ 高排放斑点图内污染源。2017 年 1—7 月，顺义区累计清理小汽修、小家具、小钢构厂等各类污染源 5 536 处（家）。二是建立小燃煤锅炉、“散乱污”企业、餐饮油烟、扬尘管控“四本台账”，属地定期向相关职能部门提供基础信息对“四本台账”进行动态更新，并逐步清理销账。三是积极联系执法部门开展联合执法。镇（街道）政府利用科学数据筛选环境执法检查重点区域，联合环保、城管、工商等部门一并奔赴重点区域对环境违法企业进行监管执法。

### （三）建立环保三级网格，实现“党政同责、一岗双责、上下同责”

为了更好地完成环保工作任务，实现环境质量持续改善的目的，镇（街道）政府主动成立专门的环保科、配备专门的人员，干专门的环保工作，改变了之前环保工作挂靠在经贸科、城建科等科室的局面，同时将压力传导至村、社区，为顺义区环保网格化监管落到实处奠定了基础。顺义区现有环保网格员 4 632 人，其中区级网格（一级网格）责任人由党政主要领导担任，网格长 2 人、网格员 114 人；镇（街道）网格（二级网格）责任人由党政主要领导担任，网格长 58 人、网格员 523 人；村（社区）网格（三级网格）责任人由村（社区）“两委”负责人担任，网格长1 062人、网格员2 873人。为了大力压实基层环保网格化监管，顺义区专门招录110名环保专职监督员补充到各镇（街道）网格（二级网格）中。顺义区三级环保网格的建立，为实现环保工作党政同责、一岗双责、上下同责打下了坚实基础。

### （四）建立督查督导工作机制，保障环保网格有效运行

顺义区成立了由区领导带队的区级督查组，区政府各职能部门成立本部门专项督查组，各镇（街道）在本单位环保科设置一线督查组。同时，顺义区成立督查督导办公室负责日常督查督导，组织协调区级督导组、专项督查组、一线督查组开展督查督导工作。各督查督导组依托环保网格管理体系，每周深入下沉，对镇（街道）、村（社区）开展的环保工作进行督查，对每周督查结果予以通报。同时以查带练，全面培养基层环保人员，提升环保管理效能。

## 二、环保网格化管理体系构成及运行机制

### （一）明确环保网格工作职责

顺义区正式发布了《顺义区环境保护工作职责分工》《顺义区环保网格化责任落实方案》。

区一级网格的工作职责是：对本区域网格化工作负总责，全面做好环保网格工作的统筹、组织、实施及考核等。

镇（街道）二级网格的工作职责是：①建立分工清晰，责任明确，“网格负责人、网格员、网格、污染源”相统一的有效网格监管体系。②贯彻执行环境保护方针政策和法律法规，落实环保部门工作要求，制

定实施辖区环境保护规划和年度计划，完成环境保护各项工作目标任务。③组织社会力量积极参与污染源普查工作，负责本辖区内污染源的监督工作，加强日常监督。④组织落实压减燃煤、控车减油、治污减排、清洁降尘等大气污染防治相关任务和政策措施。⑤根据区一级网格要求开展本辖区内有关水污染防治工作。⑥负责推动本辖区内农村环境综合整治，开展本辖区内畜禽养殖污染防治工作。⑦开展确定重点监管对象、划分监管等级、健全监管档案、采取差别化监管措施等环境监管工作。⑧组织开展环境保护宣传工作。

村（社区）三级网格的工作职责是：①每个网格要有明确的各类污染源清单，做到“网格员、网格、污染源”三统一，建立常态监管和动态更新体制。②认真落实乡镇（街道）二级网格部署的各项工作任务。③了解掌握新出现的污染源，并及时向上级部门报告。④加强燃煤锅炉清理、农村散煤治理、“散乱污”企业清理，加强扬尘管控，加强垃圾焚烧、秸秆焚烧、露天烧烤、油烟污染等问题监管。⑤对河道定期进行清理，清除沿岸和水面垃圾，保护水体生态功能。巡查河道排污口污水排放情况、小区生活污水直接排放情况以及其他污水横流情况等。⑥及时制止向环境倾倒生活垃圾、建筑垃圾、工业固体废物、危险废物等问题。⑦监督环境违法行为，发现违法情况及时上报。⑧制定实施环境保护类村规民约，引导村（社区）群众积极参与环保工作。

### （二）规范环保网格工作流程

（1）村（社区）三级网格做好信息收集和上报。建立基础工作台账等，如“散乱污企业”管控台账、燃煤锅炉管控台账、餐饮油烟管控台账、扬尘管控台账、河道排污口管控台账等，做到台账准确并及时更新。定期将网格工作整体情况上报给镇（街道）二级网格。

（2）镇（街道）二级网格做好信息审核、整理和上报。对三级网格工作信息进行审核和把关，开展整体工作情况分析、指导三级网格工作开展。定期对二级网格工作整体情况进行梳理并上报给一级网格。

（3）区一级网格做好信息汇总、分析和应用。汇总、分析基础信息，指导二级、三级网格明确重点监管对象和措施，及时组织开展监管执法。

### （三）通过培训提升环保网格工作水平

一方面，通过组织一级、二级、三级网格员集中培训，深入镇（街道）上门培训。同时组织全区网格员根据各自职责分工集中进行考试，提升培训效果；另一方面，组织网格员以干代训等多种形式到环保部门熟悉环保工作，尽快将网格员由“门外汉”培养成“行家里手”，迅速提升基层环保监管能力。2017年1—7月，累计组织网格员培训100次。其中，区级网格化培训30次，镇（街）级网格化培训45次，村（社区）级网格化培训25次，组织三级网格员累计考试3次。

### （四）通过督查考核压实环保网格管理工作成效

一是以空气质量监测数据为依据，实施对镇（街道）、村（社区）的$PM_{2.5}$月考核排名，每月在顺义区政府常务会上予以通报。二是建立了日常督查、专项督查、区级督查和一线督查相结合的多层次督查督导工作机制，以环保网格管理体系为依托深入镇（街道）、村（社区）督促履行治污责任，全面确保环保工作“最后0.5公里”得以落实。

## 三、主要工作成效

### （一）行政网格和科技网格相互促进，解决了一些久治不愈的环境问题

诸多无证无照、证照不全、违法建设、违规经营的“散乱污”企业藏匿于广袤的城乡、村庄地区，尚未城镇化的村庄与混杂的工业大院集中连片、互相伴生，是长期以来难以解决的疑难环境问题。自 2017 年顺义区全面深入开展环保网格化监管以来，以科学数据为依据，靶向治理污染源，对“散乱污”企业做到“两断三清”，对经营性小煤炉、露天焚烧等行为进行清理和劝阻，建立了小燃煤锅炉、“散乱污”企业、餐饮油烟、扬尘管控“四本台账”。截至 2017 年 7 月，小燃煤锅炉台账，上账各类小煤炉 6 050 台，已拆除 5 972 台，销账率 98.7%；“散乱污”企业台账，统计上账 7 161 家，已完成整治 5 925 家，销账率 82.7%；餐饮油烟企业台账，上账餐饮油烟企业 2 508 家，已安装油烟净化设备 2 507 家，安装比例为 99.9%；扬尘管控台账，上账施工工地等 533 家，包括砂石企业 85 家、构件厂 68 家、土堆 86 处、商品车存放点 34 处、工地 260 家，并通过将降尘量化考核指标下沉至各镇（街）督促属地加强扬尘日常管控。

### （二）通过督查考核促进镇（街道）环保职责落实，初步形成了齐抓共管的“大环保格局”

一方面，利用空气质量平台数据，对镇（街）开展考核排名，通过每周的快报以及每月的政府常务会、专报对考核排名情况进行通报。全

区参与环保网格化监管的工作人员可通过网页监管平台和手机移动端实时查看空气质量状况以及各个属地、村（社区）的排名情况；另一方面，区级督查持续开展，检查企业304家，解决环保问题167件，督促属地落实各项环保责任75次；日常督查精准发力，针对共性问题开展日常督查，共向镇（街）发送通报29次，解决各类环保问题81件。从全区环保工作开展情况来看，考核排名、督查工作切实对各职能部门、镇（街道）的环保工作起到了一定调度作用，达到了“传导压力、激发动力、形成合力”的效果，初步形成了齐抓共管的“大环保格局”。

### （三）环境执法取得积极成效

顺义区环保、城管、工商等部门牵头，各镇（街道）政府积极参与，利用科学数据实现精准执法，组织开展了“顺义区2017年大气污染防治零点行动”，对环境违法行为零容忍，“出重拳”精准打击环境违法企业。2017年1—7月，累计处罚环境违法行为661起，共处罚 334.83 万元，同比上升29.4%，查封存在违法排污行为的企业38家。2017年3月成立“环保警察”以来，累计向公安部门移送环境违法犯罪案件4起，其中被公安机关行政拘留11人。同时，以环保网格化监管为基础开展联合执法，形成高压态势，把环境违法行为消灭在萌芽状态，有效减小了逐年增长的环境信访压力，群众对环保工作满意度不断提高。

## 四、下一步工作设想

### （一）制定完善环保网格化监管工作责任清单，实现环保工作全覆盖

环保网格化监管工作范畴由目前的大气污染防治工作逐步扩展深入

水、土、辐射等方面的污染防治工作。在大气、水污染防治环保网格化监管基础上，制定土壤、辐射、机动车排放等污染防治网格工作责任清单，进一步完善环保网格管理体系，把环保网格化监管工作做小、做细、做实、做深。

## （二）努力打造环保工作“一张图”“一张网”“一片云”

以环保网格化为抓手，以智慧环保为支撑，绘制环保信息综合“一张图”，建造科技网格与行政管理网格融合“一张网”，打造环保大数据应用“一片云”，整体提升环保管理效能，推进环保工作向系统化、科学化、法治化、精细化和信息化迈进。一是建设“天空地”实时全要素监测体系。利用卫星遥感、低空航测、地面监测等手段，形成“天空地”一体化、覆盖环境全要素的监测体系，形成生态环保大数据。二是建设智慧环保综合管理与应用平台。整合已有的生态环保信息基础，总体设计并建设生态环保要素动态表征与智慧管控平台。三是建设APP终端，提升公共环保服务。开发相应的APP应用，支持公众参与生态环保，实现多元共治。

# 建设“生态绿城”，推进生态文明

江苏省常州市环境保护局　张　龙

**摘　要**：本文围绕常州市“生态绿城”建设，阐述了“生态绿城”的建设背景和近年来对“生态绿城”建设所进行的探索和实践，并对下一轮“生态绿城”建设在深度挖掘常州特色、提升城市品质和竞争力等方面提出了规划提升、标准化打造和亮点打造三个方面的建议。

**关键词**：常州市　生态绿城　建设

## 一、“生态绿城”建设背景

近年来，常州不断加大生态文明建设力度，在精品城市建设、城乡一体化推进方面取得了长远发展，新城建设加快实施，综合交通体系不断完善，城市功能不断提升，城市面貌日新月异，人居环境质量持续改善。先后投入300多亿元用于环保和生态建设，被原环境保护部命名为“国家环保模范城市”和“国家生态市”。随着城镇化进程推进，人口快速增长集聚，建设用地不断扩张，部分生态红线区域生态功能退化严重、重要生态廊道被侵占，廊道与生态红线区域间未实现全面贯通，生境破碎化、生态孤岛现象严重，生物的生存和繁衍空间、生物多样性保护受到威胁。此外，由于城乡复合生态系统中的生态资源、生态休闲空间分布不均衡所带来的“热岛效应”、蓝藻、灰霾、地面不均匀沉降等人居生态环境亚健康表现影响了公众的基本健康需求和提高生活品质的要求。天蓝、地绿、水清的宜居环境是当前市民最迫切的期待。同时，生态系统洪水调节、新鲜空气供给、生命支持等基本服务功能下降，生态环境容量趋于饱和，成了制约城市经济社会发展的“瓶颈”。党的十八大以来，以习近平同志为核心的党中央站在战略和全局的高度，对生态文明建设和生态环境保护提出一系列新思想新论断新要求，为努力建设美丽中国，实现中华民族永续发展，走向社会主义生态文明新时代，指明了前进方向和实现路径。如何找准生态文明建设的常州“切入点”，是摆在市委、市政府面前的一个重大课题。经过广泛调研，“生态绿城”建设应运而生。“生态绿城”建设的提出，是常州在生态文明建设的一次积极探索。

## 二、“生态绿城”建设的探索和实践

### （一）“生态绿城”规划引领

“生态绿城”建设是以解决常州生态主要问题为导向，以城市生态安全基础为出发点，以城市跨越发展为宗旨，以生态网络构建、生态要素建设为途径，以工程建设为抓手，增强生态功能、提高绿化覆盖率、提升城市品质、实现民生幸福。既考虑了目前保障生态安全、缓解环境压力的急迫问题，也考虑了城市未来发展的方向，是一个可持续发展的过程。

为了使“生态绿城”建设能够立足实际、有序推进，2013 年，常州市编制了《常州“生态绿城”建设规划》，建立了较为完善的规划体系，指导“生态绿城”建设。《常州“生态绿城”建设规划》的建设理念是“以人为本—功能复合—主体多元—城乡一体”。“以人为本”立足从“维绿”到“靓绿”再到“享绿”，在加强生态环境“修复”“保护”与“治理”的“维绿”基础目标上，升华到以建设“处处皆绿，人人可享”的高品质幸福宜居“享绿”的总体目标。“功能复合”体现从“绿色”到“深绿”，从单纯性的绿化功能导向提升至复合功能体系，从人的需求角度出发，兼顾安全、多样、舒适、活力、竞争力等多方面要求，融合污染防治、社区健身、城市防灾减灾等多功能，深化“基础保障”，开拓“幸福品质空间”，备战“跨越发展”。“主体多元”旨在从“政府主导”到“多方参与”，在生态绿城规划建设中探索社会、市民和政府三方主体融合。在规划建设时序上体现为贯穿规划、建设、效果评估的全过程合作参与；在合作内容上体现为规划设计、融资、技术、建设、监督的全领域合作参与。“城乡一体”追求“绿色城区片”“生态城郊片”和“美丽乡村片”的协同打造，牢固树立全市域生态环境建设理念，以重要生态红线区为生态源，以主要道路、河流为骨架，构建了九道十二片的空间发展格局。

### （二）“生态绿城”建设的具体做法

通过前两年的努力实践，目前已经取得了较好的成效，得益于统筹兼顾对规划实施的重视，是常州市从规划引领到组织实施、统一协调、共同努力的结果。常州市“生态绿城”建设实践逐步形成了一套“规划编制—组织管理—建设实施—督查考核”的可操作制度体系。

（1）强化管理，明确权责。常州市成立了由市委、市政府主要领导担任组长，各辖市、区以及市委组织部、宣传部、农工办、发改委、环保局等部门主要领导为成员的建设生态文明示范市领导小组，下设领导小组办公室——生态办，具体负责日常工作。依据“生态绿城”建设规划，形成各职能单位年度目标任务书。市委、市政府主要领导高度重视“生态绿城”建设工作，每年均多次现场督察“生态绿城”建设，亲自过问进展，协调解决建设中的实际困难。“生态绿城”建设被分别列入常州市委、市政府 “为民办实事”项目，写进年度政府工作报告。

（2）制定标准，统一建设。完善统一了全市生态绿城建设的标准。制定出台《常州市“生态绿城”建设引导》，重点从常州市生态红线区域保护和建设工程、常州市生态廊道建设保护和建设、常州市区生态绿道建设工程、环城郊野公园体系建设四个方面入手，为各类项目建设设立了统一的标准和技术指南；制定了《常州市生态绿道系统建设引导导则》，进一步细化生态绿道建设的实施标准；制定了《常州市生态红线、生态廊道标识系统建设导则》，进一步统一、细化生态红线、生态廊道标识的建设标准。具体建设过程中，围绕生态绿道建设最突出的问题，制定了《环高架生态绿道近期实施协调规划》，进一步明确环高架建设的清障要求，实施标准及建设时间节点。

（3）机制完善，高效推进。一是建立评审监督机制，成立“生态绿城”建设专家指导小组，成立专家评审组，对各实施项目的规划方案和施工图方案进行评审，定期对实施项目现场踏勘督察，并提供技术指导服务。二是强化监督考核机制，细化量化考核目标到年度目标任务的具体每一个项目，并纳入“生态文明在行动”点评。各单位按月上报推进情况，市生态办按月进行工作督查，分管副市长按月督查点评，市长按季点评通报。三是创新协调机制：建立信息互通机制，以生态办为平台，及时共享方案审查和现场督察情况，各实施主体也及时与生态办沟通建设进度和过程中遇到的问题，迅速解决。

（4）公众参与，加强互动。为了让广大市民切实参与、了解“生态绿城”的建设，除了在主流平面媒体、网络媒体、户外广告媒体发布“生态绿城”建设主题宣传外，通过主题活动举办、市民规划师参与、网上问卷征集、设计方案公开征集、社区问卷调查等多种方式，与公众形成良性互动，争把“生态绿城”建设宣传做到家喻户晓，让市民共同参与到“生态绿城”建设中。2014 年，“生态绿城”建设在十件民生实事满意度调查中达 80.6%，名列第一，市民对开放公园建设、绿地建设，特别是建设的一批分布城乡的生态绿道，供市民观光、健身、郊游，给予充分肯定和普遍好评。

## （三）“生态绿城”建设成效

常州市紧紧围绕“增核—扩绿—连网”三大措施六大工程有针对性地加强空间落实，结合“城区见缝插绿、沿河沿路同步建绿、城郊成片造绿”的三大原则，使常州“生态绿城”建设初显成效。2014 年常州市实施生态源保护与建设、郊野公园、城镇公园绿地、生态细胞创建、生态绿道和生态廊道六类工程 187 个项目，实现增绿 17 000 亩①，连网 400 km。2015 年围绕城乡一体、美丽乡村、森林城市建设要求，持续推进生态绿城建设，实施生态源保护与建设工程 20 项、郊野公园建设工程 4 项、城镇公园绿地建设工程 35 项、生态细胞创建 116 项、生态绿道建设工程 42 项、生态廊道建设工程 7 项，增绿 8 700 亩、连网 220 km。2016 年完成了瓦屋山省级森林公园整治提升工程、长荡湖饮用水水源地一级保护区整治，皇粮浜湿地公园、老运河陶家村绿地、同济桥绿地等生态绿城建设工程类项目 124 项，扩绿 8 500 亩、连网 210 km。

（1）城市生态功能增强了。生态绿城建设立足保障城市基本生态安全，加强生态环境资源的修复、保护与整合，以提升城市整体生态功能。一是针对生态红线区域保护要求，从景观层次多样性、物种多样性、水

① 1 亩=1/15 $hm^2$。

土保持等方面提出建设目标，实施了小黄山生态公益林整治提升工程、新龙生态公益林建设工程、西太湖（武进区）重要湿地保护区湿地建设工程等 32 项生态源保护提升工程，实现“增绿”12 540 亩，提升了生态红线区域生态品质。二是充分考虑动植物在生态源、生态战略点之间繁育、迁徙所必需的空间与媒介，建设了藻江河生态廊道建设工程、长江生态廊道建设工程、永安河河道综合整治工程等 15 项以路网或河流为主体的生态廊道，贯通所有 33 片生态红线区，实现“连网”214.7 km，“增绿”5 745 亩，促进各红线区域之间的物质流、能量流和信息流，使其生态功能得以最大限度的发挥。

（2）市民绿色空间增加了。生态绿城建设以市民的需求出发，兼顾安全、多样、舒适、活力、竞争力等多方面要求，从单纯性绿化提升至品质休闲。一是围绕城镇绿化覆盖率建设目标，在现有城镇公园绿地的基础上进一步完善中心城区公园绿地布局，逐步实施了燕湖公园、丁塘河湿地公园、凤凰公园、高新区低碳公园等 60 项城镇公园绿地建设工程，多点打造了自然开放、高效便捷、舒适健康的现代化城市敞开空间，实现“增绿”12 583 亩。二是依托具有一定规模、自然景观突出、人文资源丰富、绿地率较高的城市近郊区域，逐步建设溧阳燕山、金坛下塘桥、武进宋剑湖等 9 项郊野公园，实现“增绿”5 460 亩，为广大市民提供了享受郊游乐趣的开敞空间。三是致力打造生态绿道，沿河滨、道路、绿化带建设彩色沥青自行车道和红色步道，重点实施了环高架、环湖东路、京杭运河等 81 项生态绿道建设工程，连接了绿地资源，引导市民低碳出行，减少碳排放，实现“连网”372.2 km，“增绿”3 725 亩。

（3）共建同享意识提高了。生态绿城建设倡导“政府主导”到“多方参与”的共建同享意识。一是企业、居民参与到生态绿城的规划、建设和评价全过程，打造共享绿城，充分享受“生态绿城”建设成果。二是为构建多层次生态绿城建设格局，开展了包括国家级生态镇（街道）、生态村、生态工业园、生态农业园、绿色学校、绿色社区、绿色机关等216项生态细胞创建工作，通过细胞创建，逐步树立了生态环境保护与建设的全民参与理念。

### （四）“生态绿城”建设目前存在的问题

虽然常州市“生态绿城”建设取得了阶段性成果，但还存在一些问题，主要表现在以下几个方面：一是生态源破碎化问题依然存在。在重要生态功能区之间缺少畅通的生态廊道，生物资源被阻隔，导致生物多样性不足、自然资源的环境效益得不到充分的发挥。二是生态绿道的完整性不够。在居民集中区与城市大型公共绿地、历史文化遗存以及郊野公园之间需要贯通、扩展生态绿道，让更多的人享受“生态绿城”建设成果。三是“生态绿城”建设标准化意识不强。在城市改造与建设过程中需要落实“生态绿城”标准化要求，将“生态绿城”建设作为一项常态化工作。四是“生态绿城”建设亮点还不够突出，还需要打造一批具有江南特色，以山、湖、林、镇（村）相间相融的生态居住空间与休闲空间。五是“生态绿城”建设、激励与管养机制还需完善。要研究分层次的建设机制、以生态补偿与资金补贴的激励机制以及属地管理的管养机制。

## 三、下一轮“生态绿城”建设的思考

“生态绿城”作为常州生态文明建设的重要内容，在深度挖掘常州特色、提升城市品质和竞争力等方面仍存在较大的提升空间，与先进城市仍有一定的差距。在国家战略转型和新常态背景下，新型城镇化等发展趋势成为新的城市发展导向；海绵城市、智慧城市等新的城市议题不断涌现；新《环境保护法》颁布实施对生态保护提出了更高的要求，这些都对“生态绿城”建设提出了更高的要求。常州“生态绿城”建设应在更大范围、更高层次提升影响力，包括争创相关建设试点，如打造海绵城市试点，结合国家森林城市创建，营建“城在林中、林在城中”的生态绿城。同时加强城市知名度推广，提炼常州生态绿城规划和建设特色，依托相关平台，积极发声，获得省级和国家层面的认可。

## （一）规划提升

落实“多规合一”的总体要求，借力行政区划调整、新一轮规划的制定，在 2013 年规划的基础上编制提升规划，以加强生态环境“修复”“保护”与“治理”的“维绿”目标基础，确定以建设“处处皆绿，人人可享”的高品质幸福宜居“享绿”常州为目标。一是安全绿城战略，建设天蓝水净、自然循环的安全绿城。通过工业大气污染阻滞、地表径流污染防治、缓解城市内涝等手段措施来实现，并强调海绵城市在安全绿城建设中的重要地位和作用。二是多样绿城战略，建设物种丰富、自然和谐的多样绿城。通过科学建设生态廊道、预控生物迁徙通道、开展生态修复等手段措施来实现。三是舒适绿城战略，建设清爽宜人、空气清新的舒适绿城。通过冷岛构建、下垫面改善、清洁空气廊道、功能区微风通道等手段措施来实现。四是活力绿城战略，通过围墙透绿、见缝插绿、绿化与体育及科教设施复合、绿化与游憩设施复合、绿化与乡村一体发展等措施手段来实现。五是竞争绿城战略，通过两大空间（特色战略空间、引领转型空间）的打造来实现，重点引导茅山、西太湖、长荡湖、大运河、特色主题公园等市级亮点工程项目的建设。

## （二）标准化打造

推动“生态绿城”建设更加标准化、系统化。完善“生态绿城”相关建设标准要求，衔接相关专项规划，开展相关研究，进一步完善“生态绿城”框架，使“生态绿城”建设更科学、更有特色、更显亮点。在14～15项建设的基础上，进一步完善系统布局，规范建设标准和模式，将“生态绿城”建设作为一项长期的标准化城市建设工程来打造，重点从生态绿道、生态廊道等方面进行标准化建设，如京杭大运河区域绿道、市区特色林荫道建设工程、永安河生态廊道建设工程等。

## （三）亮点打造

在“生态绿城”已有工程建设项目基础上，结合城市大山大水大绿大景空间，选择具有常州特色的自然、历史文化地段，开展亮点工程打造，进一步凸显常州“生态绿城”品牌。整体构筑“一山傍城、两湖入城、运河穿城”的城市核心资源要素特色，基于此打造一批市级亮点工程和片区级亮点工程，作为今后“生态绿城”建设的重点方向。如市级层面的茅山地区森林公园建设、环西太湖生态湿地建设、洮滆特色花卉基地、环长荡湖生态湿地及水源保护区建设、大运河和新运河生态文化廊道；区级层面的溧阳沿山生态廊道建设，金坛钱资湖保护区建设，武进环太湖生态湿地建设，新北小黄山森林公园及旅游度假区、新龙生态林和藻江河生态廊道绿道建设，天宁的寺墩遗址公园和焦溪古村建设，钟楼的万亩良田打造和经开区的生态中轴建设。

# 健全制度责任体系　推动环境管理转型

## ——兼谈舟山群岛新区“十三五”生态环保工作思路

浙江省舟山市环境保护局　张　锦

**摘　要：**党的十八大以来，中央把生态文明建设和环境保护摆上更加重要的战略位置，舟山市在制度保障体系建设上突出三个方面重点，在环境管理思路上实现四个变化，在推动落实上注重四个着力，健全政府、企业、公众环境责任体系，全面推进环境管理转型。

**关键词：**生态文明　环境管理　制度保障

党的十八大以来，中央把生态文明建设和环境保护摆上更加重要的战略位置；习近平总书记对生态文明建设和环境保护提出一系列新理念新思想新战略，涵盖重大理念、方针原则、目标任务、重点举措、制度保障等诸多领域，其中“两山理论”打破了过去发展与保护简单对立的思维束缚，指明了实现发展和保护内在统一、相互促进和协调共生的方法论；党的十八届五中全会强调牢固树立创新、协调、绿色、开放、共享五大发展理念，将生态环境质量总体改善列为全面建成小康社会目标；中央近期相继出台的一系列重要文件和法律法规，形成系统全面制度架构，绘就生态文明建设顶层设计图，为舟山市“十三五”生态环保工作指明了方向，面对新形势新挑战新任务，我们必须紧紧抓住改善生态环境质量核心，坚持生态优先、绿色发展，打好补齐短板攻坚战，实施最严格的环境保护制度，健全政府、企业、公众环境责任体系，全面推进环境管理转型。

## 一、在制度保障体系建设上突出三方面重点

中央《生态文明体制改革总体方案》核心内容是形成自然资源资产产权制度、国土空间开发保护制度、空间规划体系、资源总量管理和全面节约制度、资源有偿使用和生态补偿制度、环境治理体系、环境治理和生态保护市场体系、生态文明绩效评价考核和责任追究制度八项制度，构建产权清晰、多元参与、激励约束并重、系统完整的生态文明制度体系。

据此制度框架，结合舟山实际，“十三五”期间，新区在源头严控方面，宜围绕自贸区和海上花园城市建设，围绕落实系列国家战略落地、城乡环境综合整治、招商引资、综合交通建设和五水共治“五大会战”工作任务，重点突出国土空间开发保护制度体系，划定生态红线、制定负面清单、强化规划环评刚性约束、实施环境功能区划，落实岛屿主体功能管控和分类分区管控，在满足人们生产生活需要的同时，给自然生态系统留出空间，优化生态用地、用水。建立项目环境和污染排放准入门槛和指标体系，提高工业企业污染物达标排放与处置标准，严格污染物排放总量、浓度双控，确保新建大型项目主要污染物排放达到国际先进水平。

在过程严管方面，重点建立覆盖所有固定污染源的企业排放许可制，通过落实排污许可“一证式”管理，形成系统完整、权责清晰、监管有

效的污染源管理新格局，全面融合环评审批、“三同时”、总量控制、监管执法等环节，实现环保审批“最多跑一次”改革目标；同时坚持寓服务于监管，严格程序、简化手续，完善企业申报表格化等做法，做到于法周全，于事简便，实现管理重心由事前审批更多地转向事中事后全过程监管。探索建立资源环境承载力监测预警机制，对水土资源、环境容量和海洋资源、超载区域实行预警提醒，形成分级、分区、分类评价的监测预警机制以及相互配合的政策激励约束机制和空间开发风险防控制度，引导经济社会绿色发展。

在后果严惩方面，重点落实《党政领导干部生态环境损害责任追究办法（试行）》和省实施细则以及生态文明绩效评价考核制度，按生态环境保护“党政同责”“一岗双责”和失职问责、终身追责规定，完善生态环境保护责任制、监督检查制、审计制、考核奖惩制和责任追究制，全面落实各级党委、政府环保工作领导责任，执法部门环境监管责任和企业环境治理主体责任。

## 二、在环境管理思路上实现四个变化

### （一）治理对象系统化

在控制污染物方面，必须统筹兼顾主要污染物、首要污染物和优先控制污染物的污染防治，根据环境监测跟踪分析，当前影响舟山环境空气质量的主要因子是臭氧，我们结合舟山产业特点，重点强化了船舶、石化、化工、涂装等行业挥发性有机物（VOCs）治理。

在监管污染源方面，需要实现对所有污染源的有效管控。在监管工业源的同时，各级各部门各司其职，不断强化对农业源和生活源的监管；

在强化监管污染物有组织排放的基础上，强化无组织排放的监管。

在监管环境介质方面，需要实现对所有环境介质的有效管理。衡量环境质量好坏的量纲是单位环境空间中污染物的量，以水环境为例，水环境质量改善=污染物排放量/环境容量。改善环境质量，需要削减污染物排放量这个分子，同时需要扩增环境容量这个分母，污染防治和生态保护两者要平衡和兼顾，既要加强生态保护，也要建设扩增环境容量。

### （二）各方责任明晰化

坚持用制度保护生态环境，改革生态环境保护管理体制，推进环境公共管理创新，着眼政府、企业、公众三方联动，确立基于政府监管、企业治理、公众监督三大责任主体的环保制度框架，努力构建系统完备、科学合理、运行有效的环保制度体系，充分发挥制度在环境保护中的导向、协调、激励和约束作用。抓住各级领导高度重视环保工作的机遇，进一步强化环境执法监管的刚性、覆盖面和责任追究，对环保违法案件做到一案双查，既要追究企业主体责任、环保部门及干部的责任，也要依据相关法律法规和《党政领导干部生态环境损害责任追究办法（试行）》追究相关部门甚至当地党委、政府的责任。要落实公民保护环境的责任和义务，强化环保宣传教育，提高公众环境责任意识，使保护环境逐步成为全社会的价值取向。

### （三）手段方法多样化

以改善环境质量为核心重点强化目标考核手段。干部考评既看发展又看基础，既看显绩又看潜绩，把民生改善、社会进步、生态效益等指标和实绩作为重要考核内容；既要发挥市场这只“看不见的手”的作用，充分利用好各种市场手段，又要落实污染者的治理责任，大力推动环保产业不断创新。

以落实环保责任为重点强化环保法律手段。严格执法是市场手段、行政手段、技术手段发挥更大作用的前提。新《环境保护法》《大气污染防治法》和《水污染防治法》的颁布实施，使健全法律规定、推动环保守法成为新常态，尤其针对企业恶意排污者，除了追究其民事责任，对其进行经济惩罚、行政处罚外，还要追究其刑事责任，从制度上解决“违法成本低，守法成本高”的痼疾。

以健全市场化机制为重点完善市场手段。健全绿色贸易机制，推进绿色供应链建设，充分发挥财政资金的杠杆作用，积极拉动社会投资。吸引社会资本助推环保产业发展，据国家有关部门测算，实施“水十条”预计可拉动 GDP 增长约 5.7 万亿元，将带动环保产业新增产值约 1.9 万亿元，其中，直接购买环保产业产品和服务约 1.4 万亿元。在当前的经济新常态下，大力发展环保产业是稳增长、调结构、促改革、惠民生的重要方面。

### （四）监管方式精细化

提升环境管理的精细化水平，是推动环境治理体系和能力现代化、改善环境质量、扭转环境形势的突破口。要建立精细化的环境质量目标体系，以质量目标责任的细化落实带动环境管理的精细化，全面落实“大气十条”“水十条”和“土十条”，就是要将环境质量改善的总体目标落实到县（区）、乡镇（街道）的每一个控制单元，重点建立健全网络化环境监管模式，突出乡镇（街道）、社区（工业区）基点，加快落实相关机构人员配置，全面实现辖区内重点污染源定区域、定人员、定职责、定任务、定奖惩“五定”监管。同时重点抓住国家大力推行“互联网+”行动计划的机遇，进一步完善重点污染源在线监控系统、危险废物动态管理系统、企业刷卡排污系统、移动执法系统、环境电子行政处罚系统等，全面提升环境管理体系建设信息化水平，实现重点污染源环境监测监控全覆盖、实时响应。

## 三、在推动落实上注重四个着力

### （一）在推动绿色发展上，着力“四限”促转型

突出生态红线约束、绿色引领和环境倒逼。一是空间限域。按环境功能区规划、规划环评等严格环境准入，促进多规融合、优化空间格局，突出加强对禁止开发区、限制开发区的生态保护，继续执行项目环保评估一票否决制，从源头保障生态文明建设扎实展开。二是产业限类。深化电镀、小化工等污染行业淘汰治理和鱼粉行业整治，提升船舶、水产行业环境整治，以严格的环境标准，倒逼企业转型升级。三是排放限额。强化排污总量限额管理，持续削减主要污染物排放总量。四是质量限值。逐步推进以改善环境质量为核心的环境管理转型，明确质量限值，规定达标期限，调整减排策略、下移监管重心。

### （二）在推动环境治理上，着力“五抓”优环境

围绕打造美丽中国舟山样板，突出海洋海岛特色，坚持优化生态建设与完善治理设施并举，着力抓好“美丽海岛”提升工作，丰富美丽舟山建设和国家生态文明建设示范区创建内涵；坚持从百姓看得见、摸得着的地方着手，重点抓好“811”美丽舟山建设和清洁空气、水源、土壤行动，全面淘汰黄标车，继续强化工业有机废气、鱼粉臭气、企业污水、工业固体废物、危险废物等各类环境污染治理，持续保持新区优良环境

质量。

## （三）在推动补短板上，着力“六创”破难题

一是从审批监管层面，创新完善环评审批备案制、预审制、豁免制等，努力破解环评审批前置、程序较多的难题，实现既严格把关又推进项目监管服务提速增效。二是从执法监管层面，创新本岛环境执法监管一体化，推动政府主导的网格化环境监管工作，逐步破解基层监管力量薄弱难题。三是从联动执法层面，建立完善公、检、法等环保行政执法检查监督协作机制，提升打击环境违法犯罪的效能，主动破解环保执法威慑力不够的难题。四是从环境管理整合提效层面，创新推进排污许可证“一证式”改革，探索破解企业环境监管规定细、环节多、缺乏总抓手的难题。五是从经济层面，深化推进排污权有偿使用和交易、污染第三方治理等，逐步破解资源优化配置难题。六是从科技层面，加强水产除磷、大气污染因子解释等环保关键技术研究攻关，努力破解水产行业除磷成本高，大气污染因子解释不精准等难题。

在推动公众参与环境保护上，着力依法落实政府环境信息和企业环境信息公开；拓宽公众参与渠道，抓好环境信访投诉、环境决策咨询、舆情沟通平台建设、环境公益诉讼等；加强对环保志愿者和民间环保组织的引导，促进参与环境执法监督、项目环评听证、环保法律法规宣传等；强化媒体监督互动，形成共建共享良好氛围。

# 坚持以生态文明建设为统领
# 改善环境质量促进绿色发展

吉林省辽源市环境保护局　李建新

**摘　要：**在全面推进生态文明建设中，辽源市要认真分析经济发展与促进绿色发展的内在关系，深入研究加快绿色发展的有效途径，探索建立新形势下加强环境保护工作的长效机制，为推进辽源绿色发展提供良好的环境保障。

**关键词：**生态文明建设　绿色发展　保障体系

党的十八大以来，党中央、国务院把生态文明建设和环境保护摆上更加重要的战略位置。习近平总书记先后做出“绿水青山就是金山银山”“要像保护眼睛一样保护生态环境、像对待生命一样对待生态环境”等重要指示。党的十八届五中全会提出“创新、协调、绿色、开放、共享”的五大发展理念。党中央、国务院印发《关于加快推进生态文明建设的意见》《生态文明体制改革总体方案》，为推进生态文明建设和加强环境保护明确了设计图、路线图和施工图。2016年的全国环境保护工作会议提出“以改善环境质量为核心，全力打好补齐环保短板攻坚战”的总体思路，要求各地深入实施大气、水、土壤污染防治行动计划，改革环境治理基础制度，建立健全环境预防体系，完善环境法治和标准体系，加大环境风险管控力度，大力推进生产生活方式绿色化。“十三五”时期，是吉林全面振兴发展的攻坚时期，是全面建成小康社会的决胜时期，也是全省生态环境保护工作大有作为的重要战略机遇期，生态环境保护工作已经在主战场和大舞台上，生态文明建设、环境质量提升已经上升到前所未有的高度。辽源作为经济欠发达地区，受长期传统粗放型经济模式和资源枯竭的影响，生态环境缺失较重，环境容量小，已成为制约绿色发展的“瓶颈”。在全面推进生态文明建设中，我们要认真分析经济发展与促进绿色发展的内在关系，深入研究加快绿色发展的有效途径，探索建立新形势下加强环境保护工作的长效机制，为推进辽源绿色发展提供良好的环境保障。

## 一、正确认识环境保护与经济发展的关系，在加强环境保护中实现绿色发展

当前环境问题已成为影响经济社会可持续发展、影响经济稳定、影响民生的重要问题。只有从根本上解决环境问题，才能真正实现绿色发展。

### （一）实现绿色发展，必须坚持环境保护与经济发展并重

中华人民共和国成立初期，由于对环境保护的重要性认识不足，我国大部分地区的土壤、天然植被、地表水环境和大气环境都遭到了严重破坏。受多年来粗放型经济发展模式影响，辽源市出现了严重的环境污染和生态功能缺失。东辽河出境断面化学需氧量枯水期为 43 mg/L，超出标准 1.4 倍，仅为劣Ⅴ类水质，水体完全丧失使用功能。中小企业的

快速成长，加大了环境质量改善和治理的难度，城市大气煤烟型污染已成为群众信访投诉的焦点，直接影响辽源市经济发展和人民的生产生活。因此，我们必须在发展中寻求解决环境问题的具体办法，在推进经济转型过程中，把环境保护作为调整经济结构、转变经济增长方式的重要手段，坚持环境保护与经济发展并重，实现绿色发展。

### （二）实现绿色发展，必须坚持环境保护与经济发展同步

推进辽源市经济转型，就是要使经济快速健康发展，解决人们日益增长的物质文化生活的需要同落后的社会生产力之间的矛盾。加强环境保护的目的，就是解决制约辽源市经济发展的环境问题，提高环境容量利用效率，恢复生态功能，保证人民的环境安全。江苏省无锡市曾因上马一大批“两高一资”企业，造成太湖污染，2007 年 5 月引发了太湖蓝藻事件，造成饮用水危机，最终关闭了 1 000 余户污染企业，一次性减少了十几亿元的 GDP。由此看出，粗放型经济发展是脆弱的，没有良好环境的支撑，财富金字塔堆得再高，也是不可靠的。因此，我们在推进经济转型过程中，必须做到不欠新账，多还旧账，改变先污染后治理、边治理边破坏的状况，坚持环境保护与经济发展同步，推进绿色发展。

### （三）实现绿色发展，必须坚持有所为有所不为

市委、市政府出台的《关于加快推进辽源经济转型的实施意见》，要求在经济转型发展中必须正确处理好扩大总量与优化结构的关系、发展速度与质量效益的关系、当前发展与长远发展的关系、经济发展与改善民生的关系。实现由注重经济增长到注重经济发展的转变、由注重资源要素到注重生产要素的转变、由注重短期效应到注重可持续绿色发展的转变。我们在实施供给侧改革的同时，把调结构作为严控“两高一资”

项目借机扩张的有力手段，对国家明令淘汰、禁止建设、不符合国家产业政策的项目，以及其他环境污染严重的项目坚决不批，把好绿色发展的入口关。

## 二、正确把握环境保护与经济发展的关系，努力为推进绿色发展服务

在深入学习贯彻党的十八大提出的生态文明建设的总体要求中，要切实强化“绿水青山就是金山银山”“生态兴则文明兴，生态衰则文明衰”的意识，牢固树立尊重自然、顺应自然、保护自然的理念，切实增强提升生态环境质量的责任感、紧迫感和使命感，紧紧抓住国家振兴吉林老工业基地的政策机遇，不断创新工作思路，强化工作职能，拓宽服务领域，努力为推进辽源经济转型，实现绿色发展提供最优质服务。

### （一）坚持服务与把关相统一，积极推动重大项目的落实

市委、市政府明确提出，要把项目建设作为推动绿色发展的直接动力，全力推进以新材料、新能源、健康产业、装备制造、冶金建材、纺织袜业为重点的六大接续替代产业，加速实施辽长铁路、营梅高速、辽源机场、东辽河流域综合治理、东辽河源头中德产业园等重大工程。在推进重大项目建设时，环保部门既要搞好服务，更要把好关口。要改进环评审批服务。对符合国家产业政策的重点项目给予坚定支持，对基础设施、民生工程、生态环境建设等投资项目加快审批，为符合要求的建设项目开辟环评审批“绿色通道”，推动其尽快开工建设。对不符合法律法规的建设项目设置不可逾越的“防火墙”，确保在重大项目实施过程中，环保标准不放松，准入门槛不降低。

### （二）坚持治理与发展相统一，大力促进经济结构调整和产业升级

按照市委、市政府要求，要把争取国家和省资源枯竭城市转型政策，推进绿色发展的过程，变成优化经济结构，转变发展方式的过程，积极推进自主创新，大力发展高新技术产业，推进产业链延伸并不断向高端发展，为在新一轮发展中赢得优势奠定基础。要切实加强主要污染物减排工作，支持企业加强节能减排设备更新和技术改造，实施一批重点节能减排示范工程。大力发展循环经济，支持企业开发推广节约、替代、循环利用资源和治理污染的先进适用技术，实现资源的综合利用和深度开发。要强化产业跃升计划的环保导向，严格环保要求和标准，大力推进节约生产、清洁生产和安全生产，加快发展循环经济和低碳经济，努力形成新的绿色产业优势。

### （三）坚持预防与整治相统一，认真解决事关民生的环境问题

坚持以人为本，维护人民群众的环境权益，是生态文明建设的必然要求。要切实加快东辽河流域水污染防治，加快推进东辽河流域污染防治项目建设。要大力加强农村环境保护。着眼统筹城乡发展、实现城乡环境公平，把农村环境保护摆上重要位置，努力克服工业化、城镇化快速发展对农村环境的影响，改变农村环境保护严重滞后的局面。要积极争取国家和省的优惠政策，通过开展环境优美乡镇和生态村创建活动，扎实推进农村生态环境保护和农村环境综合整治。要不断加大环境执法监督力度。以对人民群众高度负责的态度，继续深入开展环保专项行动，重点监管城市污水、垃圾集中处理设施和化工、造纸、电力等高污染行业，严厉打击危及群众饮水安全的环境违法行为，切实解决群众反映强烈的环境热点、难点问题。

## 三、进一步强化环境保护保障体系建设，建立服务绿色发展的长效机制

### （一）建立环保目标责任机制

要根据建设生态文明和资源节约型、环境友好型社会的总要求，严格执行环境与发展综合决策各项制度，坚持科学发展和可持续发展战略。要依据区域环境质量状况，有关行业的排污特征以及污染负荷，科学地确定各责任单位应负担的环保任务，完善全市环保目标责任制考核办法和责任体系，组织和监督好环保目标责任书的签订与落实。要按照责权利一致的要求，明确目标任务、责任主体和奖惩措施，并纳入各县（区）经济社会发展综合评价体系，作为对县（区）党政领导干部综合评价和政绩考核内容，实行“一票否决制”，对于完成任务目标较好的要实施奖励。

### （二）建立部门联动配合机制

环境保护是全社会的义务和责任。无论是污染治理、环境应急、流域治理，还是区域环境污染防治和农村生态环境保护，都需要全社会共同参与和各部门的密切配合。在市委和市政府的统一领导下，各相关部门要按照既分工负责又协调配合的原则，建立和完善部门联防、联席会议、联合执法检查、情况通报等各项制度，形成政府统一领导，环保部门综合管理、有关部门共同配合、全社会共同参与的管理机制。

## （三）建立环境保护政策机制

建立和完善有利于环境保护的经济社会发展政策机制，鼓励社会绿色消费、绿色采购政策，开拓绿色产品市场，促进内部消费。建立环境保护调控的信贷安全和环境污染责任保险制度，实现信贷安全和环境保护“双赢”。按照补偿治理成本的原则，积极探索排污权交易和污水处理的市场化运作，推进环保专项资金使用制度的改革创新，认真实施“以奖促治、以奖代补”的环保政策机制，充分调动污染治理单位的积极性，发挥资金的最大使用效益。要推广和完善生态补偿制度，建立健全有利于环境保护的长效机制。

## （四）建立环保能力建设保障机制

要以“一案三制”为重点，加强环境监测预警体系和环保应急体系建设，及时有效应对各类突发环境事件。为适应环境保护任务的需要，要进一步加强环保队伍建设和装备建设，特别是要加强环境执法力量。要紧紧抓住深化生态文明体制改革的契机，全面加强环保系统机构建设和干部队伍建设，进一步壮大环保机构建设实力，提高干部综合素质和业务能力，努力打造一支讲大局、懂环保、善管理的环保工作队伍。

# 重庆水环境保护的挑战与应对

重庆市北碚区环境保护局　李　波

**摘　要：**重庆市地处长江上游和三峡库区腹心地带，生态地位极其重要，水环境保护责任重大。本文对重庆市水污染防治、水环境管理、水环境安全方面存在的挑战进行深入剖析，提出强化水污染防治力度、理顺水环境管理体系、加大水环境保护宣传等应对措施。

**关键词：**水污染防治　水环境管理　水环境安全　挑战与应对

重庆地处长江上游和三峡库区腹心地带，生态地位极其重要。长江在重庆境内全长683.8 km，发挥着重要的生态屏障功能，重庆成了全国重要淡水资源战略储备库。2016年1月，习近平总书记赴重庆调研时指出，保护好三峡库区和长江母亲河，事关重庆长远发展，事关国家发展全局。要深入实施“蓝天、碧水、宁静、绿地、田园”环保行动，建设长江上游重要生态屏障，推动城乡自然资本加快增值，使重庆成为山清水秀美丽之地，重庆“不搞大开发，共抓大保护”。因此，水环境保护成为重庆环保工作中更加重要的任务。

## 一、重庆水环境质量现状

在“十二五”和“十三五”期间，重庆坚持推进“碧水行动”，贯彻落实国务院“水十条”及重庆实施方案。不断探索建立水环境承载能力评价体系，积极保护生态空间；提高用水效率，严控用水量，科学保护水资源；强化饮用水水源地保护，保障饮水安全；大力防控工业污染、生活污染和农村面源污染，提高库区抵御水环境风险的能力；加大环保能力建设，强化环境执法监管，全面提升水环境质量。2016年重庆出境断面水质总体优于入境断面水质，按照《地表水环境质量标准》（GB 3838—2002）进行评价：2016年全市地表水总体水质为良好，211个监测断面中Ⅰ类、Ⅱ类、Ⅲ类、Ⅳ类、Ⅴ类和劣Ⅴ类水质的断面比例分别为0.5%、46.4%、33.7%、10.9%、4.3%和4.2%，全市64个集中式生活饮用水水源地水质达标率为100%。其中，长江干流总体水质为优，长江支流总体水质为良好，三峡库区36条一级支流回水区水质呈中营养的断面比例为66.7%，呈富营养的断面比例为33.3%。为此，重庆市在国家《“十二五”重点流域水污染防治专项规划》实施情况考核中获得“好”评。

尽管目前长江在重庆境内的水质保持在“十二五”期间的水平，但是与重庆重要的生态地位相比，水环境保护仍然存在巨大的压力。

## 二、重庆市水环境保护的挑战

### （一）水污染防治的挑战

#### 1. 生活污染源对流域性污染还没有受到社会普遍重视

2017 年，中央环保督察组在反馈督查意见中提到，重庆市在水环境保护方面存在重干流轻支流、重城市轻农村、重岸上轻水上等问题，这些问题在生活污染防治中尤为突出，具体表现为以下三个方面：一是敏感区域内城市污水处理厂提标改造工作进展迟缓。二是污水管网建设工作整体滞后于城市开发，导致一些区域生活污水直排，部分污水处理厂运行负荷低。三是由于多个垃圾填埋场未按国家规定建成投用渗滤液处理设施，不仅对污水处理厂稳定运行产生较大冲击，而且带来环境风险隐患。

#### 2. 企业污染治理主动性与追求利益最大化冲动之间的矛盾突出

党的十八大以来，我国提出建立系统完整的生态文明体系，并且修订了《环境保护法》，成为“史上最严厉的环保法”。对于企业而言，新修订的《环境保护法》非常明确地强调了企业的责任，但是，我国 GDP 至上的理念还比较突出，重庆也不例外。在以经济发展为中心的环境下，企业大多只顾追求利润而对环保问题漠不关心，甚至为追求高额利润不惜以牺牲环境为代价，环保意识非常淡薄。

### 3. 企业在推行绿色转型发展中压力更大

当前，我国正处在经济结构转型时期，重庆作为国家的老工业基地，企业的绿色转型任务非常重。为了有效保护三峡库区水环境，重庆先后出台了《三峡库区水污染防治条例》《重庆市水资源管理条例》《重庆市工业企业项目环境准入规定》《重庆市四山管制规定》《重庆市主城区两江四岸滨江地带控制性详细规划》《重庆市生态保护红线划定方案》《重庆市五大功能区产业禁投清单》等法规、规章以及规范性文件。同时，随之配套建立了建设项目环评、污染物排放总量控制、排污许可证、生态损害责任追究、环境诉讼等一系列配套制度和措施，倒逼在渝企业的转型升级、绿色发展。

## （二）水环境管理的挑战

### 1.“九龙治水”导致“治水”责任不清、管理不力、效果不佳

重庆水资源发达，次级河流多，许多跨境河流，这给水资源和环境管理带来诸多问题。就部门管理责任而言，目前，承担有水资源和环境管理职责的部门有52个，如发展和改革、经济和信息化、水利、环保、卫生、城乡建设、交通运输、农业、国土资源与房屋管理、规划、市政园林、林业等部门。但是，由于管理界限不明确，任务落实不到位，责任追究根本落不到实处，往往大家都可以管理，但是水环境出问题时，采取推诿扯皮的方式，把问题搁置不理。

### 2. 能力不足、监管不力、执法不严导致管理缺位

重庆市环境监察执法队伍自建立以来，在改善环境质量、查处环境

违法行为、监督地方政府履行环保责任等方面发挥了很大作用。但仍然存在一些问题，主要表现在：一是环境执法机构设置不合理。环境执法队自成立以来一直是事业单位，没有独立的执法权。二是执法人员身份尴尬。由于机构是事业单位，严重影响了执法的权威性。三是环境执法队伍编制过少。一般区县执法编制数都没有超过 30 名。四是环境执法技术手段落后，很难取得证明违法的确切证据。五是执法队伍人员素质参差不齐，特别是远郊区县环境执法队中具有环境专业大学本科的执法人员相对偏少。

### 3．标准和监测技术不能全面适应水环境管理要求

1984 年以来，我国先后颁布 50 多项水污染排放标准，200 多项监测方法标准和规范。但是，地方环保部门在执行标准过程中，发现一些标准在执行上难以操作。一是有些水环境保护标准缺失。例如，农田回用水水质没有标准导致我国农业面源污染严重；行业特征污染物排放限值缺少限定，造成抗生素、激素、持久性有机污染物等某些行业特有的污染物排放无评价依据。二是现有的一些排污标准过于宽松。例如，城镇污水处理厂排放标准中执行一级 B 标准的 COD 排放限值为 60 mg/L，是地表水标准Ⅲ类功能水域 COD 限值的 3 倍，排放的水已经是城市的黑臭水，没有考虑城市水环境容量。三是水质标准和排放标准出现倒挂现象。例如，《污水综合排放标准》（GB 8978—1996）中甲苯和大肠菌群限值分别是 0.1 mg/L 和 500 个/L，而《地表水环境质量标准》（GB 3838—2002）中Ⅲ类功能水域的限值分别是 0.7 mg/L 和 10 000 个/L。

### （三）水环境安全的挑战

#### 1. 水环境风险“底数不清”，突发事件呈多发趋势

由于重庆山区多，现在还有24个工业园区位于长江、嘉陵江和乌江沿岸，98家规模以上化工企业沿长江布局，62家危险化学品生产企业未进入工业园区，存在一定的环境风险。2015—2016年，突发环境事件分别有9件和11件。虽然均为一般突发环境事件，但是因安全生产事故引发的次生突发环境事件、企业排污以及交通事故引发的突发环境事件均呈现上升趋势。

#### 2. 公众对环境风险缺乏基本常识，环保素养亟待提高

由于公众既是污染的受害者，同时也是污染的制造者，但是主要强调自身的环境权利，主动履行环保责任的意识弱，公众大范围主动参与环保往往主要集中在环境安全受到威胁的时候，所以，重庆部分市民自我提高生态文明意识的主动性不强，参加环保志愿者队伍的积极性不高，监督排污单位履行义务和环保部门履行职责的敏感性不够。

#### 3. 环境痕量毒害污染物直接威胁饮用水水源地水质安全

目前我国已经经历了第一代和第二代环境问题，现在第三代环境问题，也就是环境痕量污染物产生的问题已经凸显，而且将迅速在全域蔓延并可能对人群的健康造成危害。但是，这些问题并没有得到社会的高度重视，重庆只有一些研究机构得到一些少量的科研成果。2013年开始，重庆市生态环境监测中心站、第三军医大学、西南大学联合对三峡库区重庆水域典型PTS污染问题进行了研究：地表水中共检测出215种有机

化合物和 15 种重金属。其中 12 种酞酸酯类被检出，苯并芘最大浓度超出了标准限值的 3.7 倍；沉积物中重金属 Mn 污染最严重，其次是 Cd 和 Cu，沉积物样品中共检测出 7 种酞酸酯类和 14 中多环芳烃类。

## 三、重庆水环境保护的应对措施

国务院 2015 年 4 月发布的《水污染防治行动计划》（也称“水十条”），是我国目前水环境保护和污染防治的总纲领和指南。按照“水十条”的要求，重庆市的水环境保护工作应该在水污染防治、管理和宣传三个方面进行加强。

### （一）强化水污染防治力度

#### 1．优化空间布局，调整产业结构，推动循环经济发展

重庆是山城，在社会经济发展中，必须根据重庆的地形地貌特征，因地制宜调整城市经济空间布局，加快布局绿色工业园区；严格执行《重庆市工业企业项目环境准入规定》《重庆市四山管制规定》《重庆市主城区两江四岸滨江地带控制性详细规划》《重庆市生态保护红线划定方案》，尤其在长江、嘉陵江两岸设置恰当的保护线，建设绿化缓冲带；沿江企业通过全过程清洁生产、降低能耗水耗、推行产品生态设计等方式调整产业结构，推动工业绿色转型。

#### 2．强化科技支撑，推广示范技术，大力发展环保产业

重庆的科研院校在环境保护中发挥着科技引领和防控技术支撑作用，因此，加大在水环境保护和治理实用技术科研方面的投入力度，结

合三峡库区独特的水生态环境和景观资源，重点在高校和研究院开展库区水污染对人体健康影响、水环境损害评价、第三代环境污染对水环境影响等科学研究；积极推广水污染治理、再生水安全循环利用、次级河流湖库治理等实用技术；规范环保产业市场，大力培育重庆本土的环保产业，发挥环保产业在三峡库区水环境治理中的作用。

### 3. 加强点源污染治理，推进面源污染防治，充分发挥市场引导作用

积极推动公私合营模式（PPP 模式）在污染治理中的应用，充分发挥市政府已经建立的环保股权基金的作用，推广项目收益权、特区经营权、排污权等质押融资担保。在面源污染防治中，以项目收益权为基础，撬动社会资本投入；在城镇污水处理中，以特许经营权的方式将项目的一部分风险和日常管理转移给民营企业；在大量的小型企业污水治理中，采用污染第三方治理的方式，鼓励企业签订环境服务合同来履行企业的环保主体责任。

## （二）理顺水环境管理体系

### 1. 坚持系统思维，全方位多角度统筹管理，实现水陆空保护到位

无论是大气污染、土壤污染，还是生活污染、工业污染，最终都会归入水体，产生水环境污染。提升水环境质量，只在水污染防治上下功夫是片面的。应该建立系统防控体系，坚持重庆已经开展的环保五大行动中“大气、水、田园、绿地”行动，按照市政府出台的《重庆市环境保护工作责任规定（试行）》，明确各职能部门水污染防治责任，理顺水资源、水环境、水生态、水治理之间的管理关系，统筹山水湖库林田的污染防治、资源利用和管理保护，构建合理的水生态系统管理体系。

### 2．树立水环境容量意识，加快地方水排放标准研究和制定，确保总量控制控得住

重庆地处三峡库区腹心地带，在履行保护长江、嘉陵江的责任中，树立水环境容量意识，是各级政府、部门和社会单位基本的思维方式，因此，应强化各级地方政府水环境质量目标管理，以污染物排放总量控制为手段，制定更为严格的地方水污染物排放标准，倒逼社会单位加快产业升级和清洁生产，形成水污染防治的强大合力。

### 3．加强饮用水水源环境保护，健全风险全过程控制系统，规范化坚守生命之源

长江、嘉陵江养育了重庆人，大量的城市集中式饮用水水源地分布在两江四岸。规范建设饮用水水源地和建立健全饮用水水源地环境风险全过程控制体系是当务之急：第一，在一级保护区建设隔离防护工程，整治二级保护区的排污口、趸船、网箱养殖、餐饮船舶等，建设备用水水源；第二，在现有集中式饮用水水源地，通过风险识别、分析、预测、评价和管理，建立风险全过程控制体系；第三，完善水源地管理信息通报制度和水源信息公开制度，形成部门共享信息，社会发挥监督，公民履行责任的饮用水安全保障格局。

## （三）加大水环境保护宣传

### 1．推进环境信息依法公开力度，构建环境信息沟通渠道，实现“三方”良性互动

目前，老百姓对环境质量要求越来越高，环境问题越来越受关注，

为了引导公众积极参与环保，正确维护环境权益，环境信息依法公开显得更加重要。因此，在各种媒体平台宣传水污染防治的工作，公布当地水体环境质量状况，整治黑臭水体带来的环境变化等，带动市民参与水环境质量的改善。

**2. 加强社会监督，发挥公益组织的参与作用，合理引导公众的环境预期**

重庆环保公益组织在监督工业企业履行法定环保责任方面起到了推动作用，探索健全社会监督环境保护制度中，发挥公益组织的参与是不可或缺的要素。让环保公益组织评价当地工业企业的环保信誉，评价政府主导的水环境整治效果，不仅能带动更多公众参与，而且更加贴近老百姓的日常生活。

**3. 进一步明确公众环境责任，践行绿色生活，营造全民环保行动新局面**

新《环境保护法》明确要求“一切单位和个人都有保护环境的义务”，“公民应当增强环境保护意识，采取低碳、节俭的生活方式，自觉履行环境保护义务”。所以，不仅要维护公民的合法环境权益，更要让老百姓明白个人也是污染的制造者，在家庭、社区、学校开展绿色消费的日常活动，倡导勤俭节约、低碳低耗的生活方式，让公众作为主体参与到提升自己生活环境质量的行动中。

# 浅谈云南高原湖泊治理

云南省红河哈尼族彝族自治州环境保护局　李悦江

**摘　要：**云南省最大的9个高原湖泊，从水质现状看，除抚仙湖、洱海、泸沽湖、阳宗海能够满足功能区划要求外，其余湖泊均出现不同程度超标现象。本文针对湖泊生态系统退化、湖泊系统封闭、流域治污能力与污染防治需求不匹配等环境问题，从点源治理、城镇生活污染源治理、面污染源的控制、生态修复和内源治理五个方面简要阐述高原湖泊的治理与保护。

**关键词：**高原湖泊　治理　保护

## 一、前言

云南高原湖泊大多具有调节水量、提供工农业及生活用水、养殖水产品、调节气候、美化环境和发展旅游的功能。但由于湖区工农业生产的发展以及人口增长，使资源需求量迅速增加。长期以来对资源的不合理开发，特别是围湖造田、引水灌溉，以及对水生生物的过度捕捞，大量农业及生活废（污）水的排放，造成了湖泊水位下降，湖面缩小，水体污染严重，生物资源锐减，湖泊的生态环境遭到了巨大破坏，加速了湖泊的老化和消亡，丧失了湖泊应有的功能。部分区域甚至面临资源枯竭的危险，严重制约了当地经济的发展。本文就湖泊环境的治理保护做一探讨。

## 二、云南省湖泊概况

云南属青藏高原和云贵高原地貌区。20 世纪 50 年代初，云南省水面面积在 1 $km^2$ 以上的湖泊有 50 余个，到 70 年代中期还有 30 余个，时至今日只剩 28 个，有 20 多个天然湖泊过早消亡。现有湖泊的汇水面积约 9 000 $km^2$，湖面面积 1 164 $km^2$，占土地总面积的 0.3%，蓄水量近 300 亿 $m^3$。滇池、洱海、抚仙湖、程海、泸沽湖、杞麓湖、星云湖、异龙湖、阳宗海为云南省最大的 9 个湖泊，总体上均具有径流面积小、无客水补给、经济社会发展超过湖泊承载力等现象。

从水质现状看，除抚仙湖、洱海、泸沽湖、阳宗海能够满足功能区划要求外，其余湖泊均出现不同程度超标现象。其中滇池、异龙湖、杞麓湖、星云湖污染最为严重。以异龙湖为例，自 20 世纪 90 年代以来，异龙湖 TN 浓度均值始终高于Ⅲ类水质保护目标，即使在水质最好的 2004 年、2005 年 TN 浓度仍然是Ⅲ类水质标准的 1.8 倍。与 TN 有所不同，异龙湖 TP 浓度均值较低，其变化范围为 0.03～0.1 mg/L，介于Ⅲ～Ⅳ类水之间。近 20 年，异龙湖水质变化主要反映为 1992 年后水质好转并趋于稳定、2009 年水质急剧恶化、2014 年后水质逐步改善三个重要阶段。“十二五”期间，异龙湖水体总体呈改善趋势，2013 年受连续干旱影响，水质急剧下降，但随着生态补水等工程的实施，2014 年后呈现明显好转的趋势。2015 年，异龙湖水质仍然为劣Ⅴ类，但与 2010 年相比，主要污染因子 COD、TN 浓度分别下降 41.08%、57.05%，水质状况明显好转。湖西监测点位在2014年11月与12月水质类别达Ⅳ类，且2015年大部分水质指标单项值在Ⅲ～Ⅴ类之间。

## 三、云南高原湖泊特点

### （一）湖泊生态系统严重退化

湖泊基本处于大河水系的分水岭地带，汇水面积小，来水量小，如滇池、杞麓湖、异龙湖富营养化最为严重，湖内优质水草如海菜花、轮藻、篦齿眼子菜已消失，取而代之的是耐污能力较强的茭草、红线草、水葫芦等。由于水体污染和引种放养不当，许多土著鱼种濒临灭绝，如异龙湖的花鱼、杆条鱼、邦白鱼先后灭绝，杞麓湖的大头鲤、鲶鱼已经绝迹，杞麓鲤、乌鳢已寥寥无几，滇池原有的15种土著鱼种，现仅存三四种，金线鱼、中臀鲍等十几个种类已绝迹，而抗污能力较强的鲫鱼则发展成为优势种。

### （二）湖泊系统封闭

云南高原湖泊大多为构造湖泊，湖水完全依靠集水区降雨补充，入湖支流水系多，出流水系少，加之湖泊多数处于城市下游，是城市和沿湖地区各类污水及地表径流的最终纳污水体，营养盐易于富集，水质恶化速度较快。

### （三）流域治污能力与污染防治需求不匹配

云南省九大高原湖泊普遍存在污染治理能力增长滞后于污染增长的现象。以异龙湖为例，流域治污体系以工业点源和城镇生活源控制为核心，对其他类型污染源如农业面源污染、城镇面源污染等办法总体不多。一方面是由于流域污染防治需求已经远超流域承受能力；另一方面是城镇生活源、工业点源等防治能力滞后于其污染防治需求，使部分豆制品高浓度废水仍未得到有效处置、县城截污管网不完善，造成入湖水资源的损耗，集镇污水收集处理设施仍不完善等现象。

## 四、湖泊的治理与保护

污染湖泊水环境的污染源可归纳为外源和内源两类。外源由点源和面源组成，工业废水及城镇生活污水为点源，地表径流携带的污染物视为面源；内源是湖泊沉积物释放污染物对水体造成的污染。以异龙湖污染物入湖量为例，COD的主要污染来源为畜禽养殖污染、农村生活污染和以豆制品加工为主的工业企业污染，分别占入湖总量的28.10%、23.35%和17.05%。TN的主要污染来源为农村生活污染和农田化肥，分别占入湖总量的44.80%和27.81%。TP主要来源于农村生活污染，占入湖总量的48.67%，其次是农田化肥，占入湖总量的24.41%。$NH_3$-N主要来源于农村生活污染，占入湖总量的69.73%。因此，湖泊污染治理应以控源截污为重点，抓好点源治理、巩固治理成果和重视内源治理，并加大环保监察力度，严格执法，完善湖泊管理制度。

### （一）点源治理

大力推进点源治理力度，根据不同高原湖泊实际情况，分类实施工业点源控制策略。以异龙湖为例，根据其工业污染特征，积极推进流域内豆制品加工园区污水处理厂扩建，满足不断增长的豆制品污水处理需求；对目前未接入污水管网的城河、城北河沿岸13个村落内的豆制品加工企业高浓度废水进行预处理，建设分户支管并完善管网，对经预处理的加工废水以及村落生活污水、畜禽养殖废水进行收集。

## （二）城镇生活污染源治理

城镇生活污水是造成湖泊污染的重要原因之一。随着全省城市化进程的加快，城镇生活污染源对湖泊水环境的危害将进一步加剧，必须引起足够的重视。重点推进城镇污水收集处理和配套管网设施建设，健全污水收集管网和处理设施，提高城镇污水收集率。积极推动实施区域性中水回用，打通入湖清水通道，最大限度实现污水在流域层面梯级、综合利用。

## （三）面污染源的控制

生活垃圾，农村生活污水，农业生产废弃物，土地上积存的化肥、农药以及氮、磷、重金属等有毒有害物质，随径流入湖形成的面源污染对湖泊造成的危害是十分严重的。因此，应重点推进沿河、沿湖村庄垃圾收运系统工程，提高沿河、沿湖村落生活垃圾处理效率。积极开展入湖河道综合环境整治，改善生态补水通道的水质状况，保证输水通道末端水质。在沿河、沿湖一定范围内划定禁养区和限养区，对规模化养殖企业开展综合整治，生产废水达到全收集处理和资源化利用，严禁未经处理或处理后未达标的养殖废水排入河道和湖泊。同时推进农业清洁生产和标准化生产，在流域及生态补水区大力推广测土配方，农作物秸秆还田技术，减少和控制农药化肥施用量。

### （四）生态修复

开展湖滨生态湿地建设，在湖泊退塘还湖、退耕还湖和退田还湖区内建设生态湿地，为湖泊构筑起生态保护屏障。进行流域生态系统修复，强化对湖泊补水水源区的生态系统保护，提高森林生态系统质量，维护好水源涵养、水土保持等生态系统服务功能。

### （五）内源治理

滇池的草海、杞麓湖、异龙湖沿岸都沉积了大量泥沙及难以降解的有毒有害物质，长此下去，湖泊有出现沼泽化甚至消亡的危险；并且底泥中的污染物在适当的条件下，与水体产生交换、释放，对水体再次造成污染，即使在外源负荷已削减的条件下，内源造成的污染也是非常严重的，必须进行治理。目前，对湖泊内环境治理较为成熟的方法是采取疏挖清淤方式，清除的淤泥在论证后一般可用于垫田或用作建筑材料。

## 五、结语

湖泊治理涉及经济社会发展的方方面面，是一项庞大的系统工程，具有复杂性、长期性和艰巨性的特点，需要十几年甚至几十年坚持不懈地努力。只有各部门相互协调，认真落实湖泊生态环境保护和水污染防治的责任，对点源、面源、内源采取综合治理措施，才能从根本上解决湖泊水环境污染问题，使高原明珠重放光彩。

## 参考文献

[1] 蓝红林. 云南高原湖泊的治理与保护. 水电站设计，2002，18（4）：58-61.

[2] 张召文. 云南九大高原湖泊治理的复杂性、艰巨性和长期性. 环境科学导报，2012（1）.

[3] 段昌群. 云南高原湖泊污染的特点与防治策略. 武汉：2015 年全国河湖污染治理与生态修复论坛，2015.

# 积极打造智慧环保　推进环境管理转型

重庆市璧山区环境保护局　杨中亮

摘　要：重庆市璧山区环境保护局于2014年7月正式启动环保物联网试点工作，按照“统一规划、统一建设、分步运行”的总体思路，构建了“一网一端一中心”物联网体系，于2015年9月1日正式上线。截至2017年4月30日，璧山环保指挥调度中心在系统中共派发任务17 335件，完成任务17 321件，完成率99.92%。按照生态环境部关于“运用大数据、‘互联网+’等信息技术推进环境治理体系和治理能力现代化”的要求，璧山区在环保物联网试点的基础上，充分运用大数据、云计算等现代信息技术手段，积极探索以智慧环保推进环境管理转型升级的新路径。

关键词：物联网　大数据　云计算　排污许可一证化　应急处置

## 一、构建智慧环保体系

结合物联网技术对环境质量、污染源及风险源等进行感知、处置与管理，建设成为一个集智能感知、智能处理和综合管理能力于一体的智慧环保体系，以达到“测得准、传得快、管得好”的总体目标。

### （一）“互联网+探头”

利用互联网连接各类监测监控感知设备。接入 61 路（56 家企业）在线监测、198 路（102 家企业）视频监控、141 路（37 家企业）工况监控、1 585 个（258 家企业）电子标签等前端感知设备数据，接入 1 个空气站、3 个水质监测点、12 个扬尘监测点、2 个负氧离子监测点的在线监测数据，对污染源、风险源及环境质量进行实时监控。探头具备收集、分析、传输等功能，采集的数据通过互联网统一传输到云中心，在监测数据超标、废气废水颜色异常、固体危险废物堆放越界、治理设施设备停运等情况下，系统第一时间自动报警，形成技防监测网络。

### （二）“互联网+移动终端”

执法人员配备移动终端，进行智能处理。其中，专业执法人员配备移动执法箱，用于执法记录、摄像取证、现场笔录、视频通信等；其他环保人员配备专用智能手机，用于发现问题、办理任务、通信交流等，手机“环保通”内置的企业监管模板规范了监管内容和工作流程，提高了监管质量和效率，处置过程可查询、可追溯，移动终端与云中心信息互通，形成人防端口。

### （三）“互联网+云中心”

一是数据中心，以污染源编码为唯一载体，完善企业的基础信息、管理信息和巡查信息，建立 4 900 个污染源的“一企一档”基础数据库。绘制“环境信息”电子地图，全区共标定污染源坐标点位 1 939 个、敏感点坐标点位 874 个，完成了 9 家企业 3D 模型，构建了一套看得见、摸得着的动态数据监管模型。二是研判中心。目前已初步建成数据分析平台（2.0），按照环保相关分类分项原则对大量的资料和数据进行分析和计算，进行智能研判，提高前端预警有效性，驱动管理部门快速响应，第一时间调度处置环境问题，最大限度减少环境污染。三是调度中心。对投诉、监管巡查、智能感知、企业直报等问题进行分类，再按照监管网格划分和任务调度规则有序分派任务至具体执法人员手机终端，并跟踪、督促任务办理。

## 二、建立“一证化、协同化、精准化”业务联动模式

### （一）排污许可一证化

以排污许可证为唯一载体，串联环保各项业务职能。通过环保物联网平台，实现项目审批、环境监管、排污权交易、环境监测、排污许可证核发信息交互，实时共享环评审批、排污权核定、环境监测动态数据，打通审批系统和监管系统之间的业务壁垒，实现区域总量控制。通过系统自动分析、探头预警以及人工巡查的方式，对无证、超期、超标、超量等行为进行监管，不再让排污许可证成为“一纸空文”。将许可证超期、试生产超期、久试不验、环评超 5 年、未批先建问题推送到物联网调度中心，执法人员获取信息后及时进行处置。

### （二）测管协同化

将监测的现场采样、样品交接、项目分析、报告出具各环节分段固化，通过电子标签的身份认证、样品二维码的信息串联，确保各环节的相对独立和绝对统一，使样品信息更加隐秘且不可篡改，实现监测业务

全流程管控，保障监测数据的真实性。通过自动整合分析数据，准确掌握环境污染程度以及分布情况，及时分析和评价环境质量，有效预测未来环境的变化趋势，制定不同等级的预防措施和治理措施，实现监测和管理有机结合。

### （三）事中事后监管精准化

通过环保物联网平台，实时掌握企业产排污情况、监测因子、环评申报、排污（临时）许可证及竣工验收最新进展情况，按照属地管理原则，指挥调度中心定期给环保员自动派发“在建项目环评审批、临时排污许可证办理、竣工验收”等各个阶段任务。巡查监管人员在现场巡查检查时，发现并上传建设项目环境违法等问题后，指挥调度中心及时向所属辖区的环境行政执法人员派发任务，限期对企业违法行为进行查处，实现事中事后“无缝隙”精准化管理。

## 三、推动环境管理“三个升级”

智慧环保建设集污染源管理、在线监控、环境事故应急处置指挥、移动执法、测管协同等功能于一身，完整的链条让污染无处遁形，通过调度处置、监管水平和应急处置的升级，不断提升环境管理的质量和效率。

### （一）调度处置升级

改变“领导审签、人工分派、纸质回复”的传统低效模式，转变为“发现环境问题、指挥调度中心自动派发任务、现场通过智能终端处理问题、事后系统研判”的高效调度处置模式，以市—区—镇（街）—村（社区）金字塔式的四级监管体系为基础，将任务自动派发到责任人。同时，将区环保局、区农委、区市政园林局、区城乡建委、区食药监局、区水务局等部门的力量纳入环保日常监管中，建立对养殖场、餐饮单位、污水处理厂（站）、医疗单位、垃圾处置、施工扬尘等污染源部门巡查执法联动机制。目前，参与到环保物联网中的执法人员由过去的31人扩充到200余人，案件办理时限从60天压缩到平均小于8天，大大提高了环境监管效率。

### （二）监管水平升级

利用大数据分析预警企业违法行为，推动环保工作由事后监管向事前预警转变，使监测数据更具时效性、连续性、准确性，降低环境风险，支撑环境监管执法从被动响应到主动查究违法行为转变，精确打击企业未批先建、偷排漏排、超标排放等违法行为，实现对排污企业的差别化、精准化和精细化管理。

### （三）应急处置升级

以“一企一档”污染源基础数据库为核心，对风险企业的工艺流程、风险物质、应急预案等进行精准掌控。通过物联网中心的调度指挥，为防范环境风险提供有效保障，实现环境应急反应快速、应急调度合理、应急处理精准。

智慧环保建设带来环境管理方式的深刻变革，在持续推广应用过程中，需要持续的政策、资金、人员等要素保障。当前面临的主要问题是国家层面缺乏统一的制度规范和建设标准，对基层的资金支持乏力，同时，条块之间数据共享相对滞后。建议国家层面加大对基层环保部门信息化建设的投入；明确环境数据采集目录和标准，逐步实现“一次采集，多次应用”；在顶层设计上统筹信息化项目建设管理，破除数据孤岛，实现数据互联互通；及时制定出台环境信息化建设管理的规章制度，促进全国环保系统有效形成一张网。

# 关于重污染天气应对措施的思考

河北省保定市环境保护局　陈建起

**摘　要：**面对大气污染指数与重污染城市排名的双重压力，保定市就目前应对大气污染治理的已有做法、取得成效和存在问题进行剖析，以进一步明确努力方向，理清工作思路，完善管理手段。

**关键词：**保定市　大气污染治理　重污染天气

近年来，保定市在市委、市政府的正确领导下，面对大气污染指数与重污染城市排名的双重压力，紧紧围绕省、市下达的环保任务目标，按照市委、市政府的决策部署，抓谋划、抓协调、抓治理、抓落实。虽然大气污染治理与应对措施取得一定成效，整体大气环境质量改善向好，但依然存在诸多问题。为进一步明确努力方向，理清工作思路，完善管理手段，现就我们的做法、取得的成效和存在的问题进行剖析。

# 一、全力推进大气污染防治工作

## （一）铁腕控煤

一是主城区基本实现煤炭“归零”。主城区完成 187 个村、10 万余户改气工作，市场、门店、商户全部使用清洁能源，除集中供热、热电行业外，基本实现三环以内煤炭“归零”。二是北部 9 县京津冀禁煤区的煤改气、改电。京津冀禁煤区涉及保定的涿州市、高碑店市全境，涞水县、易县、定兴县、雄县、白沟新城、容城县、徐水区部分区域，总计 1 463 个村、57.46 万户。自 2016 年 6 月起全面启动实施。三是燃煤小锅炉替代改造。2016 年年初，全市共有 10 T/h[①]及以下燃煤锅炉 5 825 台 10 821.74 T/h，2016 年替代改造 4 247 台 6 254.05 T/h。2013 年以来，共替代改造燃煤锅炉 6 779 台。四是禁煤控煤和洁净燃料推广。在全市范围内提倡使用达标煤炭；三环以外高环以内重点区域的农村推广使用绿色焦炭、兰炭和洁净型煤 25.84 万 t；广大农村地区推广清洁燃烧炉具 3 万台，推广秸秆燃料 9.7 万 t，完成农业生产单位清洁燃烧改造 700 处。五是集中供热率逐年提高。2014 年以前保定市主城区集中供热率仅为 50%，2015 年为 75%。2016 年，继续推进热电联产项目及燃气、电等清洁能源供暖，主城区集中供热率达到 81%，清洁供热率达到 100%，大部分县（市、区）建成区集中供热率达到 80%以上。

## （二）从严治企

一是深化大吨位燃煤锅炉治理。全市共 149 台 10 T/h 及以上燃煤锅

① 1 T/h=0.7 MW。

炉。截至目前，已完成140台共2 552 T/h、10 T/h以上燃煤锅炉脱硫、脱硝和除尘深化治理，其余全部停用。20 T/h及以上燃煤锅炉全部安装了在线监控系统，使燃煤锅炉排放水平进一步提高，污染治理设施运行更加稳定可靠。二是热电、水泥、钢铁三大行业治理。投资4.8亿元对全市8家燃煤电厂13台机组进行烟气治理升级改造，达到国家超低排放标准。投资1.4亿元在省内率先完成了水泥行业低氮燃烧改造和烟气脱硫、脱硝治理，达到了严于国家特别排放限值的地方标准。涞源奥宇钢铁企业除尘脱硫改造已全部完成，达到国家排放标准。三是采石及砂石料加工企业治理。2015年全市共有621个采石及砂石料加工企业，截至目前，取缔、关停464家采石及机加工企业，整治完成恢复生产企业157家，企业累计投资总额达4.2亿元。其中，341处有证露天矿山已全部停产到位，整治完成后经市政府组织验收达标方可恢复生产，不达标的一律不得恢复生产。72个责任主体灭失矿山已完成治理，2个政策性关闭的矿山关闭到位。四是挥发性有机物企业治理。列入治理计划的370家挥发性有机物企业，已完成335家排放治理验收，完成率90.54%。对逾期未完成治理任务、不能达标排放的企业，自2017年1月1日起，一律停产整治。全市9家石化、有机化工企业，已全部完成达标治理。五是"小散乱污"企业群治理。实行市、县、乡、村四级联动，行政和司法手段并用对土小企业反弹进行整治，对违法排污企业采取断水、断电和清原料、清设备、清产品的"两断三清"措施，坚决予以取缔。六是强化餐饮油烟治理。市主城区安装油烟净化装置1 870家，安装率达到90%以上，各县（市、区）建成区共安装3 067家。

### （三）强力抑尘

2016年保定市年平均降尘量为每月每平方千米7.52 t。一是硬化绿化。对裸露地面实行拉网式排查，进行硬化和绿化补植。二是提高道路机械化湿式清扫作业率。市、县建成区实施冲洗、洒水、洗扫、喷雾四位一体道路抑尘作业，制定并落实定段、定人、定车、定标准的“四定”措施，确保作业效果。2015 年，市主城区道路机械化清扫率为 58%，2016 年达到 85.47%。三是加强施工工地管理。按照省、市建筑施工扬尘治理标准，对全市所有施工工地加强扬尘管控，所有工地实施围挡、苫盖、喷淋、运输车辆冲洗和路面硬化五个百分百。四是开展渣土车集中整治行动。发布了《关于打击治理建筑垃圾违法违规行为的通告》，已对全市近 400 辆渣土运输车辆进行定位系统安装，严格密闭装置，装贴反光标识。

### （四）严厉控车

一是黄标车淘汰。2013 年以来共淘汰黄标车、老旧车 17 万辆（其中黄标车 11.8 万辆）。二是黄牌照车限行。2016 年 8 月，发布了《保定市主城区黄牌照货运车辆实施限行绕行通告》，自 2016 年 8 月 15 日起，主城区 24 小时限制黄牌照货运车辆通行，日减少黄牌车 1.16 万辆次。三是大力发展新能源公共交通。加快推广新能源汽车并完善配套基础设施建设，市区 870 台公交车、3 036 辆出租车已经全部实现“油改气”。2014 年完成了 689 辆液化天然气（LNG）公交车购置工作，2015 年年底又新购置电动公交车 651 辆，2016 年推广应用各类新能源汽车 642 辆。四是加强油品管理。2016 年 1 月 1 日起，保定市已开始全面供应国Ⅴ标准的汽柴油。同时加快油气回收治理工作，全市 975 座加油站完成油气回收治理。五是机动车单双号限行。2016 年 11 月 11 日至 12 月月底，实施机动车单双号限行措施，有效降低了机动车污染物排放，并缓解了道路交通拥堵问题。

### （五）狠抓禁烧

市财政拿出3 000万元直接拨到乡镇，用于秸秆禁烧工作。坚持“标本兼治、疏堵结合、以疏促堵、以用促禁”的原则，大力推广秸秆综合利用，做到秸秆饲料化、原料化、基料化、肥料化“四化”处理。实施以乡镇为主体的禁烧机制，做到了“四到乡”（任务到乡、责任到乡、处罚权到乡、奖惩到乡），火点较往年明显减少。

### （六）科学应急

一是修改完善应急预案。按照“1+2”城市大气污染治理协同防控工作机制要求和预警分级标准、应急措施力度统一新标准，提高预警级响应区域协同性，重新修订并印发了保定市的重污染天气应急预案。二是及时启动应急响应。2016年，共发布重污染天气预警17次，重污染天气实际预警率达到100%。三是采取超常应对措施。四是主动加强舆论引导。通过各类媒体主动发声、回应关切，加强舆论引导，及时通报和宣传政府采取的有力应对举措，争取群众理解和支持。

原环境保护部部长陈吉宁在京津冀及周边地区大气污染防治第八次会议上对保定市重污染天气应对工作给予了充分肯定。

### （七）精准治霾

与国家千人计划$PM_{2.5}$特别防治小组北京海创科技有限公司合作，以真气网为基础，建成保定市大气污染城市智能管理平台，并以该平台为依托，开展当前空气质量数据和历史数据分析、未来5天空气质量预报、污染来源贡献比例等大气污染防治咨询服务。

### （八）加强督导

一是开展大污染防治综合督导。从各县（市、区）、开发区抽调 60 多名得力干部，组成了大气污染防治工作综合督查组，对散煤污染整治、扬尘控制、气化电化等各项大气污染防治工作进行全方位督导检查。督查中对发现的问题一追到底，一次查清，督查情况每天汇总上报，并对有关区、单位存在的问题进行督办。二是开展大气污染防治帮扶工作。2016 年 12 月 1 日以来，抽调精干干部 585 人分包市主城区 117 个重点村。活动开展以来，清理小煤炉近 2 万台（套），清缴燃煤 7 700 多吨。三是开展零点行动。从 2016 年 11 月底开展执法检查“零点行动”，每天 22：00 以后和次日 6：00 之前，各级各部门以及乡村由班子成员带队，针对燃煤、扬尘、机动车及工业企业等重点大气污染源进行现场检查执法。

### （九）持续高压执法监管

一是严格监察。对中央环境保护督察组交办保定市的 447 件环境信访案，第一时间对相关问题进行了现场查处，对违法企业全部做到了“两断三清”。为防止问题反弹，仔细进行“回头看”，全面深入再排查，做到了“每件有人查，件件责任清”，不留死角、不留盲区、不留隐患。二是铁拳治污。先后开展了“春雷行动”“利剑斩污”“零点行动”等严打专项行动，做到“三个一律”，即非法土小企业一律关停取缔到位、违法企业一律整改处罚到位、合法企业一律监管到位。

## 二、取得的主要成效

大气环境质量明显改善。2016年是实施《保定市大气污染防治总体工作方案》的第四年，也是大气污染治理力度最大的一年。四年来，大气污染防治工作力度不断加大，空气质量不断改善。2014年$PM_{2.5}$浓度均值为129 μg/m$^3$，同比下降4.4%；2015年$PM_{2.5}$浓度均值为107 μg/m$^3$，同比下降17.1%；2016年，$PM_{2.5}$浓度均值为93 μg/m$^3$，同比下降13.1%，全省下降率排名第三，空气质量综合指数为9.05，同比下降13.1%，全省下降率排名第一。空气质量达标天数为154天，同比增加27天，其中一级天数19天，同比增加2天；重度及严重污染天数58天，同比减少17天。

## 三、存在的问题

2016年，保定市虽已退出倒数第一，但依然处于重污染城市之列。保定市大气污染的根本问题还没有彻底解决。2016年主城区城中村（农村）气化、电化工程完工后，整体审视保定市的大气环境问题，主要有以下几个方面：

（1）冬季取暖散烧燃煤仍是重点。目前主城区虽已完成气化、电化，实现散煤“清零”，但主城区还有分散燃煤锅炉71台，是一个重要的污染源。全市范围内仍有大量农村（城中村）使用散煤取暖。农村（城中村）大约有5 732村，250万户，853万人，人口密集，取暖燃煤量大，家家有小炉具，直燃直排，部分县城集中供热率低，大部分地区仍然使用散烧燃煤取暖。

（2）扬尘问题突出，潜力很大。城市破损路面、裸露土地多，绿化、硬化程度明显不足，二环、三环仍有 100 余条土路。城市保洁投入、机制、作业方式也有差距，小街小巷、城中村脏乱差现象严重，明显不如省内外先进城市干净，扬尘污染比较突出。

（3）机动车污染较为严重。汽车保有量大、增量快，截至 2016 年年底，汽车保有量为 210 万辆，其中市区保有量为 70 多万辆。交通承载力差，道路狭窄，红绿灯过多，占道经营现象严重，小街小巷等道路微循环不畅，高峰期拥堵严重，造成车辆怠速行驶，尾气污染严重。

（4）大量“小散乱污”企业污染不容忽视。保定整体工业结构轻，但小冶炼、小塑料、小矿山等传统产业多，特别是城乡结合部、工业大院是“小散乱污”企业聚集区，污染物不能达标排放。

## 四、巩固既得成效的强化措施

### （一）环主城区禁煤区建设工程

将三环至高环以及附近区域划定为环主城区禁煤区，2017 年 10 月底完成。做好工程整体验收、补贴资金拨付等后期工作，确保区域内所有改气改电村户正常投入使用，工程安全稳定运营。

### （二）保北京津冀禁煤区建设工程

保北涿州、涞水、高碑店、定兴、容城、徐水、雄县、易县、白沟新城 9 个县（市、区）京津冀禁煤区除煤电、集中供热和原料用煤企业外，2017 年 10 月底前完成燃料煤炭“清零”任务，城中村、农村完成改电（改气、改集中供热）。

其他县（市、区）也要划定禁煤区，2017年10月底前，城中村及重点农村实现气化、电化、集中供热。

## （三）集中供热工程

推进全市取暖分散燃煤锅炉改集中供热、改清洁能源供热。2017年9月底前实现市区及县（市、区）建成区集中供热及清洁能源供热率达到100%。

## （四）分散燃煤锅炉替代改造工程

2017年10月底前，市主城区35 T/h及以下燃煤锅炉实现“清零”，全市范围内10 T/h及以下燃煤锅炉实现“清零”。党政机关、事业单位要保持燃煤设施“清零”状态。市主城区除煤电、集中供热和原料用煤企业外，6月底前实现煤炭“清零”。

## （五）主城区消灭裸土工程

（1）二环内消灭裸土，进行硬化、绿化。

（2）二环外、三环内道路全部硬化。

## （六）城市保洁提升工程

（1）加强城市保洁。

（2）实施防扬尘“门前三包”。

（3）城市垃圾及时快速清运。

（4）严控工地扬尘。

（5）取缔砂石料摊点和废品收购站。

### （七）工业企业治污减排工程

（1）对钢铁、铸造、水泥等落后产能实施淘汰。

（2）推进非金属矿山深度治理。严厉打击非法矿山和非法盗采行为。

（3）加快传统产业整治、转型。

（4）强化挥发性有机物（VOCs）治理。

（5）提升餐饮油烟治理水平。

### （八）“小散乱污”企业整治清理工程

对不符合产业政策、产业布局规划、污染物排放不达标以及土地、环保、工商、质监、发改等手续不全的“小散乱污”企业，开展整治清理行动。

## 五、建议

### （一）省政府层面出台机动车限行、企业限（停）产期间相应补偿机制

《大气污染防治法》第四十五条规定：“省、自治区、直辖市人民政府根据本行政区域大气污染防治的需要和机动车排放污染状况，可以规定限制、禁止机动车通行的类型、排放控制区域和时间，并向社会公告。”限行一般而言更适合在重大活动或紧急情况下适用，例如奥运会、APEC会议。这是一条授权性规范，即授权省级政府根据需要制定机动车限行措施，具体包括机动车类型的限行、区域限行和时间限行。限行是一种简单的行政命令式调控方法，机动车主每年足额缴纳全年税费和保险费，

限行造成了机动车所有人因停驶增加的额外交通开支，停车费用上涨，车辆使用权贬值等。人民群众对大气污染防治工作都能够理解和支持，如果一定要经常推行的话，根据法律公平原则，为公共利益而牺牲的私人利益应当获得一定的补偿。因此，建议省政府层面制定相应制度以便各地参照执行。例如，对于已经处于限行区的机动车主实行车船费和汽车险费用的减免或补贴；管理部门将对实施停产、限产等临时减排措施的企业减免征收排污费；对于即将实施限行城市的机动车主根据限行要求实行单双号缴费制度，即只收取出行期的费用；建立限行治污补偿专项基金。由发改委、交通、环保、财政等相关部门共同发起，财政负责转移支付，用于补偿限行地区造成的经济损失。

### （二）根据京津冀一体化功能定位，进一步调整产业和能源结构

京津冀一体化中，河北省各设区市功能定位都十分明确。例如，保定是创新产业基地，京津保区域中心城市。经济、企业发展的基础和决定性因素是创新，只有拥有强大的科技创新能力，才能进一步提高城市和企业的竞争力，才能在未来发展和严峻的市场竞争中立于不败之地。从保定市实际出发，根据环境承载力、自然资源条件，合理布局工业企业。提高准入门槛，多引进高新技术产业，严格控制高污染企业进入市区。进行科学测算，在城市周边划出一定区域，禁止新建高污染企业。加大能源结构调整，对现有锅炉重新规划合并，加装低氮燃烧等装置，实现环保排放。进一步加大机动车尾气治理，加快淘汰黄标车，合理规划路网，加快绕城公路的建设。通过治理，减少机动车尾气造成的污染。加大扬尘治理，重点对施工工地和载货货车进行治理，制定绿色施工标准，降低扬尘污染。城中村气化完成后，天然气需求量将大幅增加，同时民用气量比例将进一步加大，建议省政府责成省天然气公司加大与中

石油的协调力度，在保证天然气供应的同时，解决长期以来河北省各地普遍存在的民用指标不足的问题，以更好地推动清洁能源替代改造进程。

### （三）加大宣传力度，倡导低碳生活方式

将增强自主创新能力作为发展战略，贯彻到城市建设的各个方面，大力发展低碳经济、绿色经济。低碳生活代表着更健康、更自然、更安全，同时也是一种低成本、低代价的生活方式。低碳不仅是企业行为，也是一项符合时代潮流的生活方式。作为在当代生活工作的我们，可以做到的就是：多乘坐公共汽车出行，少开车；楼层不高就尽量少乘电梯，徒步上楼，还锻炼了身体；下班时电脑别待机，出去的时候关掉一切电源；多用电邮和即时通信工具，少用传真打印机；学生要爱护课本，充分利用作业本、写字本；尽量少使用或不用一次性牙刷、一次性塑料袋、一次性水杯。我们要通过各种新闻媒体、电视网络、社交平台进行宣传和引导，推广健康低碳生活方式和理念，让健康、绿色、节约、安全观念深入人心，演化成自觉行动，为大气污染防治提供坚实有力的群众基础和支撑。

### （四）给予资金、政策方面的大力支持

目前，保定与北京、天津、石家庄、唐山等地区相比，经济仍属欠发达地区，在财力水平上、在治理资金的筹集和投入上仍有很大差距。在大气污染联防联控中，我们比京津标准要求更严，但治理资金、技术和能力明显不在一个层面上。而且全市整体工业结构轻，基数小，减排空间不大；城市基础设施落后，在取缔分散燃煤锅炉和锅炉深化治理、推进集中供热、使用清洁能源、农业面源污染、城市精细化管

理、加强环境监管能力建设等方面，需要很大的资金投入。鉴于保定所处的特殊区位、当前大气污染的严峻形势和经济发展水平及财政困难状况，恳请对保定市给予资金、政策方面（如适当减少考核指标）的大力支持。

# 小流域及农村水环境整治的实践与思考

福建省莆田市环境保护局　林秀峰

**摘　要：**笔者结合自身的工作实践，首先对莆田市小流域及农村水环境整治工作的主要做法进行了介绍，在此基础上分析归纳了取得的主要成效，并提出了四点工作体会，以期对我国小流域及农村水环境整治工作有所借鉴。

**关键词：**小流域　农村水环境　水环境质量　综合治理

莆田市现辖一县四区两个管委会，陆域面积 4 200 $km^2$，海域面积 1.1 万 $km^2$，人口 343 万。境内水系发达，流域面积大于 50 $km^2$ 的河流 30 条。近年来，莆田市全面贯彻党的十八大和十八届二中、三中、四中、五中全会以及习近平总书记系列重要讲话精神，贯彻落实《国家生态文明试验区（福建）实施方案》，以改善水环境质量为核心，按照福建省“一年打基础、三年见成效、五年大变化”的要求，紧紧围绕“坚持绿色发展，打造宜居港城、建设美丽莆田，创建美丽中国的示范区”目标，突出问题导向，强化薄弱环节，加快推进小流域及农村水环境综合治理工作，取得积极成效。

# 一、主要做法

## （一）聚焦民生关切，加强饮用水水源保护

（1）优化调整保护区范围。将东圳、外度、古洋、东溪、金钟及双溪口6个水库集雨面积范围划入饮用水水源保护区范围，全市饮用水水源保护区面积由391 $km^2$增加到1 275 $km^2$，保护面积增长了226%。

（2）实施居民整体搬迁。投入13亿元，对东圳水库饮用水水源一级保护区内居民实施整体搬迁，范围涉及11个行政村3 140人，征迁房屋面积19.5万$m^2$，征用林（果）地1.2万亩。目前，已投入5.4亿元，签订房屋面积确认书572户18万$m^2$，发放货币安置补偿款1亿元、土地补偿款2.8亿元；安置区预计2018年国庆节前交付使用。

（3）开展水源地综合治理。从2014年起，实施东圳水库水源地综合治理三年行动计划，累计完成投资19.5亿元，建设生态林1.8万亩，拆除畜禽养殖场46万$m^2$，3个库区镇实现污水收集处理全覆盖（村庄采用分散式污水处理），全面完成环库区历史填埋垃圾清理2 400 $m^3$。经过三年综合治理，东圳水库基本实现“大坝安全、环境优美、水质优良”的目标。

## （二）突出问题导向，全域推进污染治理

（1）推进农业污染防治。连续8年开展畜禽养殖整治，在省定要求（流域干流1 km、支流500 m范围内）的基础上，自加压力，将整治范围扩展到保护区全流域，以村为单位划定禁养区、禁建区和可养区，共关闭拆除畜禽场30 349家、面积962.7万$m^2$。鼓励发展规模化养殖，完

成规模猪场污染治理 71 家，基本实现以规模化规范化养殖代替农户散养的整治目标。广泛推广测土配方施肥技术，持续开展土壤环境检测和农药污染防治，南北洋河网内乡镇实现化肥、农药使用“零增长”。

（2）加大工业污染治理。实施“工业进园区”计划，工业园区以外区域，原则上不再审批各类工业企业项目。开展“清水蓝天”环保专项行动，加大现有工业企业监管力度，2016 年共查处涉嫌环境污染犯罪的企业 235 家次，其中适用查封扣押 137 家次，行政拘留 29 家次，按日计罚 2 家次，停产限产 44 家次，涉嫌犯罪 23 家次；取缔“十小”企业 28 家；排查环保违法违规建设项目 4 281 个，已全部完成清理整顿。

（3）推进生活污染治理。通过整合财政资金、上级专项补助资金以及筹措生态补偿金等，五年累计投资 25.6 亿元，建成 6 座城乡污水处理厂、7 个镇级污水处理站、30 个提升泵站，配套管网超过 1 500 多 km，污水收集范围超 200 $km^2$，污水日处理能力达 36 万 t，城市污水集中处理率达 87.5%。新扩建垃圾焚烧发电厂三期工程，日新增垃圾处理能力 1 500 t；开工建设仙游垃圾焚烧发电厂、大湖垃圾填埋场扩容工程、餐厨垃圾处置场及危险废物综合处置工程等项目，有效解决城乡生活垃圾处置问题。

## （三）创新治水理念，加强流域生态修复

（1）实施河道生态修复。全面推进木兰溪、萩芦溪流域综合整治，实施治理项目 23 个，开展河道拆违、河面漂浮物打捞、河岸边废渣垃圾清理，应用生态方式改造和防护岸坡，顺应河势留住沙洲，拓展自然生态空间，初步建成集生态保护、旅游、文化和教育等多种功能为一体的湿地保护示范区。例如，莆田市的企溪流域整治打破了以往的做法，不再仅仅对河道进行单一清淤或护砌，而是秉承生态治河的理念，统筹规

划。结合新农村建设和商住区开发，以水为设计元素，结合不同的功能需求，打造多样性的水流生态及丰富水岸景观空间，同步实施截污治污。实施“引清入城”，日引45万$m^3$木兰溪水入城区内河，有效改善了内河水质。

（2）建设生态绿廊。因地制宜、体现特色，规划布局公园、绿地、绿道，建设景观休闲、健身及水上娱乐等设施，修建亲水戏水平台、休闲栈道，打造“沿溪、沿河、沿水”生态景观走廊。例如，莆田市打造绶溪、北渠、后卓溪、蒜溪等一批安全生态河道，实现河道互联互通、绿道连线成网，绶溪公园成为莆田市最大、最美的河滨公园，木兰溪仙游段20 km防洪生态景观成为莆田市最长的休闲亲水长廊。

（3）加强林业生态建设。持续开展饮用水水源保护区退耕退果还林、流域周边退化林分修复、人工造林等工程，保护城市绿心，打造绿心万亩荔林湿地，增强森林涵养水源、保持水土、净化水质的能力。“十二五”以来，共完成造林绿化75.6万亩，其中主要溪流和饮用水水源保护区生态修复33.4万亩，森林覆盖率达59.8%，绿地覆盖率达38.8%，人均公园绿地面积达12.7 $m^2$，绿道总里程达220.5 km。

## （四）坚持常态长效，落实管护机制

（1）率先构建小流域监测体系。从2013年起，在完成木兰溪、萩芦溪主干流10个国省控断面以及4个城市内河监测点位监测的基础上，对流经木兰溪流域的支干流水质开展监测，共布设监测点位42个，每年4月、7月、10月各监测一次。2016年，又编制实施《小流域及农村水环境整治监测办法》，将水质监测扩大至全市所有流域和水系，实行定期监测和传送，真正发挥了环境监测为管理服务的作用。

（2）不断完善饮用水水源补偿机制。2011年，莆田市探索建立饮用水水源补偿机制，制定实施《饮用水水源保护区生态补偿实施意见》，规定市财政每年筹措生态补偿资金 6 000 万元以上。2015 年从资金筹集、分配、使用等方面，对原补偿机制进行了修订和完善。已累计下发生态补偿资金 3.6 亿元，重点用于生态保护项目和污染项目整治资金补助。

（3）全面推行河长制。莆田市自 2014 年开始，在全市流域范围内设立市、县、乡三级河长，逐河指定联系部门，逐段配备专管员，形成河长牵头、分级管理、部门联动、齐抓共管的河道管理工作格局。2016 年，出台了《河道长效管理办法》和《河道专管员工作制度》，进一步明确了各级各部门职责。全省全面推行河长制工作视频会后，莆田市积极落实于省长“六全”“六治”要求，率先开展河道分级确界立桩工作，率先同步公布市、县、乡三级河长名单和河流名录，率先开展河道集中清障和易涝点整治专项行动，为全面推行河长制打下良好基础。接着，莆田市按照“创新管河治河机制，打赢治水治污硬战”要求，着手建立智慧河流平台和宣传舆论监督平台，打造水生态文明城市、最美家乡河（网络投票排名全国第二）和综合治水试验县等三个品牌，创建四级示范、出台八个制度、开展九个专项行动，确保实现“河畅、水清、岸绿、景美”目标。

（4）配套制定水环境整治考核机制。包括以主要溪流水质和重点水环境整治任务为内容的党政领导生态环保目标责任考核办法；以全面考核地表水、饮用水水源、城市内河等为内容的水环境质量目标考核办法；以美丽乡村建设为内容的农村垃圾污水、畜禽养殖整治等考核办法以及以小流域和农村水环境整治为内容的小流域水环境整治考核办法等。这些办法的实施为治理流域水环境、改善水质量提供了有力的制度保障。

## 二、初步成效

### （一）水生态环境较好改善

木兰溪、萩芦溪流域水质功能达标率和东圳水库、外度水库、古洋水库等集中式饮用水水源地水质达标率均为100%，农村基本消灭了“垃圾河”，被列入“全国水生态文明建设试点城市”，荣获“2016 创新中国·绿色发展优秀城市”“全国节水型社会建设示范区”等荣誉称号。

### （二）经济实现可持续发展

2016 年地区生产总值 1 823.4 亿元、增长 8.9%（位居全省第二），固投 1 938.1 亿元、增长 11.8%（位居全省第五），财政总收入 180.1 亿元，城镇居民人均可支配收入 31 818 元、增长 8.7%（位居全省第二），农村居民人均可支配收入 15 131 元、增长 9%（位居全省第三）。通过小流域综合治理，真正实现了环境优势转化为发展优势，带动莆田市各项事业快速发展。

### （三）城乡人居环境更加优美

充分发挥莆田依山傍水、山清水秀、水系发达的自然生态优势，实施“幸福家园十镇百村工程”，培育创建省级美丽乡村 316 个、示范村 35 个、示范县 1 个、美丽乡村景观带 11 条，人居环境得到明显改善。

## 三、工作体会

### （一）必须坚持政府主导，部门联动

在推进小流域治理过程中，坚决落实党政同责、属地管理责任和环境监管责任，建立完善联席会议制度，强化整治目标、任务、责任、人员、资金“五落实”，构建上下游、左右岸紧密协作、责任共担、问题共商、目标共治的联防联治格局，形成水环境治理的强大合力。

### （二）必须坚持整体规划，综合治理

回顾以前的小流域整治模式，主要以治理河道为主，对污染源产生和整治重视不够，结果边治边污，治标不治本。因此必须坚持全域规划、水岸一体、综合治理，实现多方共赢。

### （三）必须坚持持之以恒，久久为功

水环境的改善不是一夕之功，任何一项措施不到位，水污染就会卷土重来。因此既要有统筹推进、标本兼治的战略，又要有对症下药、精准施策的战术，更需要有持之以恒、久久为功的定力。正是秉承“新官理旧账”“功成不必在我”的理念，莆田的小流域治理一任接着一任干，饮用水水源保护开展了 7 年、畜禽养殖污染整治了 8 年，坚持常态长效，才取得今天的初步成效。

### （四）必须坚持广泛宣传，全民参与

流域综合治理可以极大地改善农村人居环境，只有人人动员、人人

参与，综合治理才能持久。因此要充分发挥新闻媒体、社会组织、志愿服务等作用，引导群众转变思想观念、转变生产生活方式，构建“政府牵头、各方参与、全民共治”的多元治理格局。

# 深入构建延边生态环境建设体系的思考

吉林省延边州环境保护局　郑昌权

**摘　要：**良好的生态环境是最公平的公共产品，是最普惠的民生福祉。本文介绍了延边州生态环境质量现状，指出了生态环境建设中存在的问题，提出了加快推进延边生态环境建设的建议：强化生态环境保护体制机制建设，加强生态环境综合防治体系建设，建立生态环境监管长效机制，加强生态环境建设舆论宣传，为践行绿色发展理念，构建延边州生态环境建设体系进行了初步的探索。

**关键词：**生态文明建设　生态环境保护体制　生态环境建设体系　绿色发展

党的十八大将生态文明建设列入"五位一体"的中国特色社会主义建设事业的总体布局。习近平总书记指出，"建设生态文明，关系人民福祉，关乎民族未来。""良好的生态环境是最公平的公共产品，是最普惠的民生福祉"。"十三五"时期是延边朝鲜族自治州（以下简称延边州）振兴发展的关键时期，也是全面建成小康社会的决胜阶段，小康全面不全面，生态环境质量很关键。如何正确处理经济增长与绿色发展的关系？如何进一步推动延边州生态文明建设？本文围绕践行绿色发展理念，构建延边州生态环境建设体系进行初步的探索。

## 一、延边州生态环境质量现状

延边地处吉林省东部，中、朝、俄三国交界处，东与俄罗斯滨海区接壤，南隔图们江与朝鲜咸镜北道、两江道相望，边境线总长755.2 km，其中，中朝边境线522.5 km，中俄边界232.7 km。辖区面积4.27万$km^2$，约占吉林省总面积的1/4，下辖延吉、图们、敦化、珲春、龙井、和龙6市和汪清、安图2县，首府所在地为延吉市，全州户籍总人口为218.7万人。延边地处长白山区，地域辽阔，森林覆盖率达83.3%，有14个省级以上自然保护区（国家级5个、省级9个），占地面积为7 107.79 $km^2$，约占全州面积的16.65%。主要保护对象有东北虎、豹、黑鹳、东方白鹳、中华秋沙鸭等珍稀濒危动物以及牡丹江上游湿地，东北红豆杉及典型的北方温带原始针阔混交林生态系统等。

近年来，延边州确立“生态立州、生态兴州”发展思路，提出建设富庶、开放、生态、和谐、幸福的延边战略目标，以推进转型跨越、促进科学发展为目标，以提升生态文明建设水平、促进经济发展方式转变为根本，以解决危害群众健康和影响可持续发展的突出环境问题为重点，突出流域、区域、行业、企业“四大领域”污染治理。集中力量实施污染减排、大气污染防治、水污染防治、农村环境综合整治、环境风险防范等“五大工程”，不断强化体制机制、执法监管、科技支撑、能力建设、人才队伍、资金投入“六大保障”，努力走出一条投入小、效益好、排放低、可持续的环境保护工作新路子。全州环境质量持续好转，全州9条主要河流29个水质监测断面中达到Ⅲ类以上水质（良好以上）断面达到21个，占63.6%，比2010年增加了2.9个百分点。各县市城市环境空气质量均达到国家二级标准，其中，州府城市延吉市大气污染物二氧化硫和可吸入颗粒物浓度，分别从 2010 年的 0.030 mg/m$^3$ 和 0.087 mg/m$^3$ 下降至 2016 年的 0.018 mg/m$^3$ 和 0.055 mg/m$^3$，优良天数达到 340 天，重污染天气仅为 2 天。在减排工作方面，延边州实现了“五个全覆盖”，即发电行业 20 万 kW 以上燃煤发电机组脱硫设施全覆盖、30 万 kW 以上燃煤发电机组脱硝设施全覆盖、钢铁行业烧结脱硫设施全覆盖、水泥行业日产熟料 2 000 t 以上水泥回转窑脱硝设施全覆盖、县城污水处理厂全覆盖。在生态环境建设方面，延边州共完成了 478 个行政村的农村环境连片整治，占全州行政村的 50%以上，创建了国家级生态乡镇 13 个，国家级生态村 1 个；省级生态乡镇 18 个；省级生态村 16 个，州级生态村 608 个，龙井市、珲春市、汪清县 3 个县市已获得省级生态县（市）称号。延边州先后被评为 2013 年度中国最佳生态环境投资城市（地区）；2014 中国十佳空气质量城市排行榜榜首；2014 中国最美旅游目的地城市；全国首批资源综合利用“双百工程”示范基地。

## 二、生态环境建设方面存在的问题

### （一）环保基础设施建设相对滞后

延边州是经济欠发达地区，由于地方财力等原因，有些环保基础设施建设相对滞后。虽然延边通过产业结构调整，严把环保准入、“双达标”等措施，淘汰了很多传统的水污染重的造纸、化工等行业和企业，但是延边州近几年城市生活污水对水环境的影响越来越明显，主要原因是城市污水处理配套设施不完善，所有现场污水处理厂都已经建成；但是，由于污水收集管网建设、雨污和清污分流等设施不配套，导致城市污水收集率低，进水浓度低，结果很多污水处理厂不能正常运行。同时，城市大气污染治理设施落实不到位。延边地处吉林东部山区，冬季取暖主要靠烧煤，冬季煤烟型污染较重，再加上很多城中村、城乡接合部仍然采用自家烧炕等形式取暖，进一步加重城市的大气污染。但是由于大气污染防治工程方面投入不够，导致用清洁能源代替传统能源、集中连片供热、旧城改造等大气污染防治方面解除设施建设和措施跟不上，明显改善城市大气环境质量的任务很重。

## （二）矿区生态环境破坏较为严重

延边州属于矿产资源较为丰富的地区，目前发现的矿产品种达到90多种，其中能源矿10种，金属矿产33种，非金属矿产48种，水气矿产2种，优势矿产有煤、金、石灰岩、矿泉水等。由于历史原因，不少服务期满的矿山企业造成很多环境隐患，如矿山废弃物、废弃尾矿库、矿区生态破坏等。当时由于未留生态恢复资金，造成许多矿区生态环境破坏存在无人埋单现象，地方财力又无法承担这笔费用。同时，新开的矿山企业还存在建设和服务期间生态环境破坏、大量废弃物不能很好地处理等现象，这些都给延边州矿区生态环境保护工作造成很大压力。

## （三）改善水环境质量任务重

延边州属于山区，水资源比较丰富，境内大小河流共有487条。但是由于这几年对流域生态环境的破坏、水利设施的增加和水资源的不合理利用等几个方面的原因，各条河流水利越来越少。在各流域水污染物排放量越来越少，排废水达标率越来越高的情况下，水环境质量改善并不明显，主要原因在于有些河流不能保证正常生态水量。同时，延边的特殊地理位置，面临国际界河的水环境问题，如中朝界河图们江，由于两国环保法律、法规、政策、标准等不同，很难统一环保措施，很难达到统一环保目标，所以，很难完成规定时间内水环境质量改善的目标。

### （四）生态环境建设尚未形成工作合力

新《环境保护法》明确规定，各级政府是环境保护责任主体。但是在实际工作中，普遍存在环保部门单打独斗的现象。目前，党中央提出的生态环境保护范围远远超过以前各级环保部门主抓的水、大气、噪声、固体废物等简单的环境问题，是一个系统的、复杂的、综合性的环境保护问题，不能靠简单的方式和靠一个部门的能力来解决。所以，需要以政府层面组成环境保护综合协调机构和机制，来推动当地生态环境保护工作。目前，地方在落实生态环境保护责任方面，普遍缺少这方面体制机制，“党政同责”“一岗双责”等追责制度还停留在口号上。同时，还存在牵头部门单打独斗的多，相关部门协同配合的少；主要单位制定实施方案的多，相关单位具体执行落实的少等现象。

## 三、加快推进延边生态环境建设的建议

### （一）强化生态环境保护体制机制建设

提升一个地方的生态环境、人居环境质量，贵在立足长远，从大处着眼，从细节处入手，系统地加以推进。当前，生态环境建设更需要政府、社会组织和每个公民共同参与，是一个长期、复杂、系统的工程，需要一切社会力量的共同努力。这就需要进一步创新生态环境建设协调机制，形成生态环境治理的合力，在各级政府层面上，建立跨部门、跨行业的组织协调机制来谋划当地生态环境建设长远规划，加强政策指导，

及时解决基层生态环境建设中遇到的各类重大问题，尤其是建立环境保护部门与各相关部门之间的对口协作机制，从制度层面保障生态环境建设健康有序开展。

### （二）加强生态环境综合防治体系建设

以源头预防为前提，过程监督为手段，加快构筑科学的综合防治体系。一是通过严格执行环境影响评价制度，严把生态环境准入关，根据国家产业政策和延边生态环境特点，研究制定更符合延边绿色转型发展的产业项目目录，限期淘汰或转型不符合延边绿色转型发展的项目和企业，尽早实现延边州的绿色转型发展。二是以改善生态环境质量为核心，开展污染治理、生态恢复等综合环境整治工作，以生态环境质量目标值作为工作重点，深入研究分析影响生态环境质量的因素，采取政策引导、工程项目、生态补偿等有针对性的措施来达到预期目标，为延边州经济社会可持续发展提供更好的生态环境基础。充分依靠延边州以 66 个乡镇、街道的 240 个社区为单元所设立的 96 个监管网格，进一步明确网格责任，尽快实现“分块管理，网格划分，责任到人”的环境监管模式，争取实现全州环境监管全覆盖。

### （三）建立生态环境监管长效机制

进一步完善生态环境管理、生态环境建设和生态环境监察等机制体制，努力把有限的人力、物力、财力整合为最大的建设合力。一是建立齐抓共管工作机制。健全生态环境考核奖惩制度，实施生态环境建设“一票否决”制，推行考核结果与选拔任用、评先创优、项目审批、奖励惩处等“四挂钩”，增强生态环境建设工作的责任感。二是建立严格的生态保护管控制度，统筹推进生态红线划定工作。通过划定生态保护红线、建立生态补偿机制等措施，优先保护好完整的森林生态系统、生物多样性保护区等影响地区生态安全的区域。三是扎实有效开展环境监管工作。进一步加强基层环境监管队伍建设，配精配强环境监察队伍，建立健全环境监察网络，加大环境监察力度，加强生态环境应急能力建设，扩大远距离监控覆盖面，全面提高环境监察的实际效果，确保生态环境建设健康有序推进。

### （四）加强生态环境建设舆论宣传

为进一步提升延边州生态环境质量，营造全面参与生态环境建设的良好氛围，应该加强正确生态理念的宣传教育工作。通过报纸、电台、电视、网络等大众宣传媒介，广泛宣传生态文明建设的重要意义和有关政策，引导社会公众自觉抵制破坏生态环境的各种不良行为，树立正确行为习惯，逐渐把生态文明建设变成全社会的自觉行动。同时，通过各种形式载体，让生态文明建设的理念进机关、进社区、进村屯、进学校、进企业，建立起宣传生态建设的长效工作机制，在全社会形成浓厚的氛围。

# 浅谈农村面源污染防治的问题及对策

四川省雅安市环境保护局　陶玉春

**摘　要：**农村面源污染防治是社会主义新农村建设的重要范畴，关系到广大农村的环境问题。随着经济社会的发展，农村环境形势较为严峻，农村环境问题特别是面源污染不仅给农业发展带来了巨大的影响，也成为影响环境质量改善的主要污染源。根据有关信息显示，农业已超过工业成为中国较大的面源污染，农村面源污染已经严重影响到水、土壤、大气环境质量及农产品安全，成为生态环境保护的障碍之一，制约了经济社会的可持续发展。本文结合实际就雅安市农村面源污染存在的问题原因进行了初步调研分析，归纳总结了整治措施并提出相关的对策建议。

**关键词：**农村面源污染　农村环境整治　垃圾处置

## 一、农村面源污染问题分析

### （一）农民对农村面源污染的认知不足

众所周知，农村面源污染的主要来源排前三的是生活垃圾、禽畜粪便和化肥农药投入。农村面源污染不但具有分散性、隐蔽性、随机性、不易监测、难以量化等特征，同时又与农业生产紧密结合。根据调查显示，农民现阶段的环保意识已经有所萌芽，但缺乏较为深入的认知和了解，大部分村民不知道何为农村面源污染，对他们生产生活现实和潜在的影响严重程度不清楚，真正落实到行动还有一定距离。在社会主义新农村和生态文明的建设中，应以科学发展观为指导，树立可持续和绿色发展的新理念，高度重视并切实解决农村面源污染问题，削减污染负荷，为工业化和城市化的发展腾出环境容量，为经济社会发展提供环境质量和环境容量的支撑。

### （二）农村生活垃圾、污水无序排放问题依然存在

尽管各级政府对居民生活垃圾无害化处理做了许多努力，但无害化处理率和处理的效果与先进地区相比还有一定差距。一方面，农村垃圾数量猛增，塑料袋、废电池、农膜、农药瓶等各种难以分解的垃圾越来越多，同时仍有少数村民环保意识淡薄，随意倾倒；另一方面，雅安大多数乡镇缺乏基本的污水处理、垃圾收集与转运设施，多数污水未经处理直接排放进水体。因污水处理能力不足，导致水质下降，影响周围的生产生活环境。

### （三）养殖业废弃物处理问题有待改善

近年来，雅安持续推进标准化规模养殖，规模化水平、设施化装备水平和生产水平明显提高，但畜禽养殖所带来的污染问题愈发明显，畜牧养殖所排放的废水和粪便堆存期间因降水而淋溶出来的污染物渗入周围的土壤环境，通过地下径流进入水体成为影响环境的重要制约因素。养殖业废弃物的不规范处理，忽略了养殖业废物循环利用的价值，同时造成土壤、水质的污染，影响了当地村民的生产生活。

### （四）农业投入品使用及副产物处理尚需规范

一是化肥、农药使用不规范。农户化肥施用强度大、方式粗放，农药施用勤、配比浓度高，化学投入品施用量多、利用率低，蔬菜、果树等经济作物潜在的环境风险远远高于粮食作物的风险。二是化学投入品副产物处理随意性强。村民垃圾分类意识较低，近60%受访者将农药瓶或农药袋随生活垃圾进行堆放处理，24%的受访者将包装袋直接扔在田间地头，选择深埋和其他方式的仅占16%。三是农业薄膜回收意识较弱。在育苗保温时，对于需要覆盖大片农膜的，重复利用1～5年不等，无法再利用后农户会采取焚烧、随意丢弃、扔进垃圾回收站等处理方式；对于单株薄膜覆盖的，多数直接丢弃于农田。残留农膜回收率低，土壤中残膜量逐步增加。由于许多农膜不可降解，使“白色革命”逐步演变为“白色污染”。

### （五）农作物秸秆综合利用率偏低，循环利用能力较弱

随着农用能源结构的变化，农作物秸秆在生活用能源中所占比例越来越少，还有少数村民会把秸秆用于家用燃料。对于秸秆的其他出路，就地焚烧会造成空气污染，降低大气能见度，妨碍交通，危害人体健康；秸秆还田在为作物归还养分，增加土壤肥力，相应地减少化肥施用水平的同时，由于操作利用技术不规范，使得秸秆在自然分解过程中向水环境无序排放氮、磷等化学物质，构成了农业面源污染的重要元素。

## 二、农村环境整治现状

### （一）以灾后重建项目建设为契机，农村面源污染治理效果明显

为改善农村生态环境，雅安结合灾后重建工作积极推进农村环境整治，开展以县（区）环保部门为责任主体的人居环境类重建项目，涉及芦山、天全、宝兴、荥经4个县，共有5大类15个项目，安排投资3亿多元。通过以上项目的实施，当地农村生产生活条件得到明显改善，环境质量显著提升，面源污染得到显著防控。

### （二）农村面源污染整治示范项目进展良好

全市积极开展农村环境连片整治示范项目和生态村创建项目。农村环境连片整治示范项目建设在名山区双河乡、石棉县挖角彝族藏族乡等4个地区，内容包括饮用水水源保护、生活污水处理、生活垃圾收集转运、畜禽养殖污染治理等。示范项目的实施，对改善乡村人居环境、保证农产品安全生产、促进新农村建设发挥了示范带动作用。雅安市雨城区以“业兴、家富、人和、村美”的幸福美丽新村建设工作为载体，广泛开展生态村创建活动，积极扩大环保生态、面源污染危害性的宣传，有力地推动了农村环境保护、面源污染防治工作深入有效开展。

### （三）基本建立农村生活垃圾处理新机制

在经费投入、基础设施建设和人员配备方面加大了保障力度，全力推进全市农村生活垃圾分类回收处理机制建设，各县（区）已将农村生活垃圾处理机制建设经费纳入年度财政预算。按照“财政补贴一点、项

目争取一点、农户筹集一点、垃圾回收得一点”的“四个一点”资金投入机制，修建垃圾处理场、农村垃圾分类池、中转站、垃圾清运设备等基础设施，增加农村保洁人员经费，根据实际情况开展垃圾分类处理池和垃圾回收池建设，因地制宜开展全市乡镇垃圾填埋场建设，从源头上控制面源污染。

## 三、加强农村面源污染治理的对策建议

### （一）进一步加强教育宣传，提高政府补贴力度

一是加大宣传力度。充分发挥电视、广播、报刊、网络等现代媒体和会议、咨询、科技下乡等传统方法的作用，因地制宜地利用群众喜闻乐见的载体，多层次、多形式地普及农业生态环境知识，灌输绿色生产的理念，使农民认识到控制农业面源污染的环境安全意义，培养农户参与环境保护的意识。二是加强对农户的培训与教育。对农民开展环保政策法规、农业生产技能、经营管理等培训，在切实保障农村义务教育的基础上，通过发展职业教育、成人教育和各种短期培训等形式，提高农民的专业技能。三是加大财政补贴力度。补贴政策可以刺激农户减弱生产强度或改变生产生活方式，促使有益于环境行为的发生，鼓励更多的村民积极参与面源污染的治理。实践中可加大对环境友好技术和生产方式使用的补贴，对自主发展绿色农业、符合绿色清洁生产的村民给予补贴、税收、农业贷款等方面的优惠政策，同时对绿色农产品、大型生态保护工程等进行补贴。

## （二）强化综合治理，加强综合利用

一是源头控制。在种植业上，以农业标准化为基础，大力发展绿色农业、生态农业、循环农业，加强节水灌溉、测土配方施肥、病虫害综合防治、作物栽培与管理技术的推广普及，推广可降解地膜、秸秆、畜禽粪便资源化，最终实现农业的可持续发展。在养殖业上，深入开展养殖治污专项行动，根据实际情况进行畜禽养殖禁养区、限养区、适养区划定和调整工作，拆迁禁养区内规模养殖场，关停整治不合格的养殖场，加强鱼类养殖的科学管理，防止水体的富营养化，加强配套建设污染治理工程建设。二是末端治理。完善农村污水、垃圾处理系统。大力推进农业废弃物的回收利用，在农村建设垃圾收集点，集中后运至垃圾处理场统一处理。继续完善污水处理网络，推进规模畜禽养殖场配套废弃物处理设施建设。还可以采取开发植被过滤带和人工湿地的方法来处理农田径流废水。三是推进农村清洁能源建设。推广“养殖—沼气—种植”“三位一体”农业循环经济模式，通过建设农村户用沼气池项目，解决农村人畜粪便污染。四是建立垃圾分类专用投放箱。设立分为玻璃瓶、塑料瓶、铝箔袋、电池、农药包装袋等包装的投放箱，并建立长久的运行机制，由政府派人定期运走，专门处理。

## （三）建立健全农业面源污染监测体系，加强法制建设

一是完善农业面源污染监测体系，全面反映污染治理实施的效果。要加强农业面源污染治理、转变农业发展方式、推进现代农业建设，重要措施之一是推行生产全程监管，加快推进农产品质量追溯管理信息平台建设。组建农业环境监测和农产品检验检测中心，进一步完善农业生态环境和农产品安全监测网络体系，提升监测检测能力。建立高效的农

业面源污染预报预警系统和快速反应系统以及重大农业面源污染事故监测体系。加快建立化肥、农药等化学投入品的监测体系，切实加强化肥、农药等农资市场管理，建立统一的生产、销售、使用档案资料，有效实施农业生产全过程的管理监控。加大农产品产地环境安全监督监测工作力度，实行农业生态环境和农产品安全报告制度，建立完善安全农产品的强制性质量标准体系，切实有效地开展无公害农产品、绿色食品、有机食品的认证工作。二是加强法制建设，遏制农业面源污染恶化。为尽快全面推行农业面源污染的治理工作，建议加快完善相关法律法规，制定完整、具体、适宜各地区可操作的政策法规体系，严明惩罚。同时要加强组织保障，严格执法。环保局及农业局等部门应加强联系，明确职责，共同监管，避免出现问题无人监管的现象，保障农业面源污染治理工作的顺利进行。

# 关于深化生态环保体制改革的探索和思考

北京市延庆区环境保护局　常迎六

**摘　要：** 近年来，北京市延庆区环境保护局始终坚持环境保护在生态文明建设中的主阵地作用，加快实施区委、区政府确立的生态文明发展战略，不断探索生态环保体制改革新路径。本文阐述了北京市延庆区生态环保体制改革取得的主要成效，并对未来进一步深化生态环保体制改革提出了努力方向。

**关键词：** 延庆区　生态环保　体制改革　生态文明建设

## 一、开展生态环保体制改革的探索和实践

### （一）以战略的思维谋划生态环保格局，不断完善组织领导体制

推动历史性转变，探索生态环保新道路，开展体制改革创新，必须以战略思维谋划生态环保格局，强化组织领导。2005 年，原延庆环保局结合本地实际，准确判断，科学谋划，积极建言献策，推动全县把实施生态文明发展战略确定为统领经济社会发展的总战略，明确了创建国家生态县的工作目标。同时，成立生态县创建领导小组，时任县委书记、

县长任组长，相关委办局、乡镇为成员，环保局负责沟通、协调，形成生态环保各部门齐抓共管、协调推进的工作局面，区域生态环保格局发生历史性改变，生态环保组织领导体制初步建立。2008年北京奥运会召开之前，延庆提前完成创建任务，被原环境保护部命名为“国家生态县”。2009年，又被原环境保护部批准为全国生态文明建设试点地区，生态保护工作进入一个新阶段。县环保局审时度势，提出在生态县创建领导小组的基础上，成立生态文明建设领导小组，环保局作为办公室负责总体协调的工作建议。县委专门召开常委会、全会一致通过，并责成县委副书记专门负责生态文明建设工作，生态环保的领导体制进一步加强。2014年，环保局从进一步统筹全区生态环保，深入推进生态文明建设的战略高度，开始研究组建生态文明委员会。2015年，延庆被北京市确定为生态文明管理体制综合改革试点。环保局作为牵头单位，重点推动成立党委、政府、人大、政协四组长制的生态文明建设领导体制，深入探索研究了党建统领、归口管理、执法综合、制度健全、监督考核完善的生态文明管理体制综合改革体系。

### （二）以统筹的思想做好规划、制度设计，不断提升制度体系化水平

做好各项规划和制度设计是开展生态环保工作的前提条件，延庆在实践过程中制定了一系列规划、政策和制度办法，初步建立了制度体系。2005年，编制完成《延庆县生态县建设规划》；同年，将国际环境管理理念和管理制度引入政府行政管理，在全县建立并实施ISO 14001环境管理体系认证。同时，在“十五”计划和“十一五”“十二五”规划的基础上，陆续出台了《保护母亲河行动纲要》《野生动物损害赔偿办法》《城市自来水地下水源保护管理办法》《延庆县农村垃圾分类工作实施方案》

《延庆县机关单位办公危险废物收集、处置管理办法》《延庆县实施政府绿色采购暂行办法》，以及《延庆县生态产业区规划纲要》《生态型项目开发鼓励政策》等一系列制度办法，形成了一套比较完善的保护生态环境、促进生态产业发展的政策体系。2009 年，延庆被确定为全国生态文明建设试点地区之后，制定实施了《延庆县生态文明建设三年行动纲要（2010—2012 年）》，并出台了有机循环农业、新能源环保产业、乡村旅游产业、群众性生态文明创建活动四个三年行动方案。同时，以绿色产业、绿色生产生活方式、绿色生态环境、共享绿色成果为主要内容，建立了对二级班子单位年度工作的考核指标体系。2013 年，在总结过去三年生态文明建设工作的基础上，继续制定实施《延庆县生态文明建设三年行动纲要（2013—2015 年）》，同步实施《延庆县全民践行生态文明行动方案（2013—2015 年）》。2014 年，在北京市率先制定实施《延庆县生态文明建设规划（2013—2020 年）》，率先研究出台环境损害赔偿办法和环境损害责任追究办法。2016 年，全区确定建设国际一流的生态文明示范区的目标任务。环保局牵头，正在研究制定国际一流的生态文明示范区建设指标体系、绿色 GDP 指标体系和区域生态价值测算评估体系，完善生态文明建设考核办法。

### （三）以协同的理念推进部门联动，不断强化生态环保工作机制

战略思想引领生态环保的工作方向，规划制度明确各项工作任务，工作机制是落实各项任务的主要措施。在生态环保格局不断延伸的背景下，延庆在生态环境保护、生态经济发展、生态人居建设、生态文化弘扬、制度保障以及京津冀生态协同等方面建立了一系列有效的工作机制。在生态环境保护方面，环保、公安、城管、园林、市政、交通、农委等部门建立“清洁空气”执法工作机制，环保与水务、属地乡镇等部门建

立“净水”联动监管机制，研究《建立落实严格监管污染物排放环境保护管理制度的工作机制》和《完善排污许可制和企事业单位污染物排放总量控制制度》，不断提升生态环境质量；在生态经济发展方面，建立环保、经信、企业单位和环保、发改、项目单位两条信息沟通渠道，重点服务保障绿色发展；在生态人居建设方面，环保、规划、市政、农委、街道、乡镇建立美丽乡村和城乡环境综合整治工作机制，全面改善城镇和农村的环境质量；在生态文化弘扬方面，环保与宣传部、文明办、广电中心等部门建立针对区内部的宣传工作机制，与《中国环境报》、北京电视台、北京市环保局宣教中心等部门建立针对外部宣传工作机制，深入宣传倡导生态文明理念；在制度保障方面，环保、组织部、发改等部门深入研究生态文明建设考核工作机制，环保、督查部门、监察局又建立联合督查机制，加强督查考核；环保、法院密切合作，在全市率先成立环保法庭，2017年4月审理了第一例环境违法行为；在京津冀协同发展工作中，与河北省张家口市怀来县、赤城县分别建立大气污染区域防治协作机制、重大环境事件应急协商合作协议和水污染突发事件联防联控机制合作协议。

## 二、开展生态环保体制改革的主要成效

近年来，通过开展生态环保体制改革探索和实践，延庆生态环保格局不断扩大，环境保护提升环境质量、优化经济发展、弘扬生态文化、促进生态惠民的作用持续加强。

### （一）生态环境质量不断提升

以治理 $PM_{2.5}$ 为重点，不断改善大气环境质量。减煤换煤 22 万 t，

淘汰老旧机动车 1.8 万辆。空气质量连续多年居北京市前列。2015 年，区域大气主要污染物和 $PM_{2.5}$ 浓度全市最低，居全市第一；加强以妫河为重点的水环境治理，累计实施生态清洁小流域治理 235 $km^2$，污水处理率达到 78%；全面启动城乡垃圾分类，生活垃圾无害化处理率达到 92%，“干净指数”保持全市前列。高标准完成平原造林 7.9 万亩，森林覆盖率达到 57.03%，人均公共绿地达到 41.88 $m^2$；建成了妫河生态休闲走廊、官厅水库生态库滨带等 10 万余亩的“四大生态走廊”；建成松山等 12 个国家和市、区级自然保护区，占区域面积的 28%，初步实现了生态景观化、大地园林化。

## （二）生态经济引领区域发展

始终坚持把生态环境保护、资源合理开发和经济社会协调发展有机结合起来，在发展中保护、在保护中发展。环保局围绕全区都市型现代生态农业、新能源环保产业和旅游休闲产业三大绿色主导产业，全力促进生态经济化和经济生态化。对符合环保要求的项目和绿色发展大事，缩短时限、减少流程、减少程序，开辟环保审批“绿色通道”，推动项目尽快落地、尽快开工、尽快投产见效。2015 年，全区新能源环保产业占规模以上工业总产值达到 40%，有机农业占农业总产值达到 20%，成为全国循环经济示范区，德青源生态循环模式在全国推广。成功举办世界葡萄大会、世界马铃薯大会，成为 2019 年世界园艺博览会承办地（A1 级）和 2022 年冬奥会三大赛区之一。

## （三）生态文化广泛弘扬

通过开展全民践行生态文明行动，以生态创建、环境教育、绿色消费为抓手，努力传播生态环保知识，提升全社会的生态文明意识。全区

15个乡镇全部建成市级“生态乡镇”，其中13个乡镇获得了“全国生态乡镇”称号。编写《生态环保知识读本》等生态教材，开设“生态体验”课，开展“生态文明大讲堂”等活动，把生态文明、环境保护等内容纳入各级党委中心组学习范畴和领导干部培训课程。通过举办第六届中国生态文化高峰论坛，积极与全国对话，探索交流生态文化的传播方式。

### （四）生态惠民成为根本目的

环境保护的根本目的是要把生态成果惠及民生。延庆努力创造良好的人居环境，打造生态宜居城市和美丽乡村。全区有序扩展城市规模，保护平缓开阔的城市天际轮廓线，打造了山水相间、特色鲜明的园林城市风貌。完成29个老旧小区综合改造和157万 $m^2$ 城镇住宅节能保温改造，实施山区搬迁2 976户、农宅抗震节能改造3万户。以农村面源污染示范建设和原环境保护部“以奖促治”“以奖代补”政策为契机，实施了农村垃圾分类收集、污水治理、畜禽污染治理、湿地公园建设等工程，持续不断地改善了农村生态人居环境，成为首批国家园林县城和全国控制农村面源污染示范区。

## 三、深化生态环保体制改革的思考和努力方向

在探索开展生态环保体制改革的过程中，我们也发现很多问题。行政管理体制不顺畅，部门职能分散交叉、权责脱节、政出多门的难题，随着社会对环保工作的重视日益显现；同时，基层基础薄弱、执法力量向下延伸不够、考核机制不完善、监督落实机制不健全等问题也是摆在环保部门面前的重要课题。

## （一）坚持问题导向，聚焦体制障碍

充分借鉴国内外成功经验和做法，着力破解当前存在的生态文明行政管理体制不顺畅、目标责任不明确、环保司法机制不完善、考核机制不健全、监督落实机制不规范等问题，以省级以下环境监测、监察垂直管理为契机，从促进社会共治、强化生态环境法治监管等方面，进行生态文明管理体制与制度创新设计。

## （二）坚持职能整合，加强上下联动

对利益交织、职能交叉、互相扯皮的相关部门的生态文明管理职能进行有效整合，形成权力边界清晰、责任明确、问责机制健全的管理体制。在区级层面、专业部门、乡镇（街道）层面建立顺畅的沟通联系机制，形成统筹协调、分工明确、上下联动的生态文明建设管理体系，提高管理效率，提升生态文明管理工作整体水平。

## （三）坚持重点突破，强化监督执法

加强监督执法，整合多部门执法力量，完善联合执法、重点案件移送督办机制，建立督察联席会议制度，全面推行执法责任追究，健全环境保护责任追究制度和环境损害赔偿制度，深入推进环保法庭建设，加大对破坏生态案件的查处力度。

## （四）坚持生态优先，完善制度机制

深入推进区域主体功能区规划，建立空间规划体系，落实用途管制。健全能源、水、土地节约集约使用制度。划定生态保护红线，制定和完善具有区域特色的严格的水、大气、林地、耕地等各项管理制度规范。

探索建立生态服务价值评价测算制度，建立覆盖全区域的动态监测体系。探索建立吸引社会资本投入生态环境保护的市场化机制，试点环境污染第三方治理。实行生态文明建设责任制，确定总体目标、阶段目标，明确节点任务，细化推进措施。建立生态文明建设评价标准，把环境保护重点工作落实完成情况作为对干部工作评价、任免、奖惩及问责的重要依据之一。建立奖惩机制，强化督促考核。

### （五）坚持共建共享，引导全民参与

加强生态文化的宣传教育，着力提升居民生态环保素养，充分发挥居民在生态环保治理中的主体作用。进一步引导企业、社会组织、部队和人民群众更加自觉地参与生态文明建设，形成政府、社会、市场互动合作的治理体系。培育绿色生活方式，强化生态保护补偿，切实惠及民生，形成共建生态文明城市、共享生态文明建设新成果的良好局面。

# 以建设“全国生态保护与建设示范区”为契机，着力改善贺州生态环境

广西壮族自治区贺州市环境保护局　黄　坚

**摘　要：**贺州市入选生态保护与建设示范区名单，标志着贺州市生态保护与建设示范区正式进入国家层面，本文对贺州市建设“生态保护与建设示范区”现状展开分析，细数推进“生态保护与建设示范区”建设中存在的诸多环境问题，并细化任务，通过树立生态战略定位、建立健全生态空间管控体系、建设“互联网+生态产业”、加强环境监管与环境执法、加大宣传力度从而持续改善环境质量，推动“生态保护与建设示范区”建设。

**关键词：**生态保护与建设示范区　生态空间管控体系　环境监管　环境执法

2015 年 4 月 23 日，国家发展改革委、国土资源部、原环境保护部等 11 个部委联合下发了《关于印发生态保护与建设示范区名单的通知》（发改农经〔2015〕822 号），贺州市成为广西唯一入选市（州、地区）级生态保护与建设示范区的地级市。这标志着贺州市生态保护与建设示范区正式进入国家层面，为进一步改善贺州市生态环境，打响贺州“山

清水秀生态美”的特色品牌，实现“绿色崛起”的目标赢得新机遇和新动力。

## 一、贺州市建设“生态保护与建设示范区”现状分析

### （一）环境质量状况

2011—2016年，贺州市环境空气质量级别为二级，质量状况为良，空气优良率保持在95.6%以上，整体优良天数在全国属于前列；贺江扶隆码头、贺江贺街、桂江桂花三个断面地表水综合评价水质类别为Ⅲ类，水质评价为良好，城市水域功能水质达标率为100%。饮用水水源地龟石水库水质类别为Ⅲ类，水质评价为良好，饮用水水源水质达标率为100%。城市道路交通噪声、区域环境噪声监测结果均达到《声环境质量标准》（GB 3096—2008）相应标准限值。

### （二）实施“一岗双责”，明确环境保护职责

为推动贺州生态文明建设，进一步形成各级各部门对环境保护工作齐抓共管的长效机制，贺州市人民政府办公室于2014年6月5日印发了《贺州市环境保护“一岗双责”责任制实施办法》，在全区地级市中率先启动环境保护“一岗双责”制度。2016年6月2日再次修改印发了《贺州市环境保护“党政一岗双责”责任制实施办法》，进一步明确了各级党委、政府及其所属各有关部门履行分管工作范围内的环境保护工作职责。

### （三）切实抓好“多规合一”和“环境总规”双试点工作，环保规划工作取得新成果

贺州市成为全国首个“多规合一”和“环境总规”双试点城市。环保局配合做好“多规合一”工作，积极组织开展“环境总规”编制工作。目前，已完成《贺州市发展总体规划（2016—2030 年）》编制，并上交国家发展改革委和原环境保护部；《贺州市环境总体规划（2015—2030 年）》已编制完成。现正按照“多规合一”和“环境总规”的要求，强化生态空间和生态红线空间管控，落实建设项目“多规合一”并联审批要求，提高了行政审批效率。

### （四）整治突出环境问题，改善生态环境质量

2015 年以来，全面整治全市突出环境污染问题，制定年度全市突出环境污染综合整治任务清单，涵盖三县两区，涉及多部门、机关、企事业单位，整治的突出环境污染问题包括水、气、土等多方面环境因素，整治对象包括地方、企业、养殖业、农村等，整治效果明显。在大气污染专项防治工作中，各部门协同合作，大力整治建筑工地扬尘、道路扬尘、餐饮服务业油烟、工业粉尘、机动车尾气、工业企业废气排放、露天焚烧稻草（秸秆）等大气污染现象，2015 年、2016 年均完成了自治区下达贺州市 $PM_{10}$ 年度控制目标任务，城区空气环境明显改善。

### （五）生态乡村建设稳步推进

一是积极开展生态贺州建设，强化领导责任，抓好生态市建设工作。《贺州生态市建设规划》经市人民代表大会常务委员会审议并通过，推进了生态文明建设实施规划，加大了贺州市生态市创建步伐。二是生态系

列创建工作成效显著。近年来，以“农村垃圾治理”“村屯绿化”“饮水净化”“道路硬化”四个专项活动为重点，强力推进“美丽贺州·生态乡村”建设，实现了全市707个行政村的生态乡村建设全覆盖，并集中打造了钟山县回龙—石龙—凤翔—珊瑚至县城的示范条带，富川瑶族自治县龟石库区、福利、朝东等示范区块，昭平县马江至富罗、黄姚至县城、桂江两岸等生态乡村示范条块。积极推进生态村建设，截至2016年，贺州市共有15个乡镇获得自治区级生态乡镇称号，208个行政村获得自治区生态村称号，580个行政村获得市级生态村称号。

### （六）自然保护区生态环境保护逐步加强

全市已建成昭平七冲、大桂山鳄蜥两个国家级自然保护区，姑婆山、滑水冲、西岭山3个自治区级自然保护区以及51个自然保护小区，自然保护区总面积达116万亩。市环保局每年对各自然保护区开展环保大检查活动，清理整治自然保护区范围内的环境违法违规活动。

## 二、推进“生态保护与建设示范区”建设中存在的环境问题

### （一）生态环境压力增大

贺州处于工业化发展初级阶段，工业基础薄弱，经济增长方式粗放，且大部分工业企业污染治理水平不高，环境保护形势严峻。同时，贺州农村面临严重的农业面源污染，近年来畜禽养殖业发展迅猛，农村分散性养殖污染问题突出，养殖污染已成为龟石水库、西湾河、马尾河等流域、区域突出的环境安全隐患。

### （二）城乡生态基础薄弱

（1）城市人居生态环境压力较大。总体来看，贺州城市生态建设与城市人口增加、规模扩大还不相适应，部分城市山体、河流、湿地等面临高强度的开发建设，城市绿色生态空间萎缩；市政污水处理系统及生活垃圾无害化处理不够完善，城市人居生态环境面临较大压力。

（2）农村环境治理水平薄弱。大多数的村屯都没有生活污水集中处理设施，生活污水得不到有效处理；部分村民环境保护意识不强，仍然存在随地乱扔垃圾的现象；户型畜禽养殖不规范，养殖污染不减。

### （三）矿山生态恢复任务重

贺州矿产资源丰富，具有悠久的矿产开采历史，矿山历史遗留环境问题较为突出，具有较大的环境潜在风险。近年来，相关部门进行了多次综合整治，但由于缺乏有影响力的大企业进驻进行综合开发，矿山生态破坏现象没有得到有效的遏制。

## 三、持续改善环境质量，助推“生态保护与建设示范区”建设

### （一）牢固树立生态战略定位

以辖区内各自然保护区为主体，构建生态文明城市的生态安全屏障和向中心城区输送绿色服务的生态园区；以绿色产业建设为途径，保护区域内水源涵养区；以区域生态保护与城市绿地体系建设为措施，改善整体生态环境状况和中心城区居住环境。以贺州市资源环境承载能力为前提，守住生态底线，强调生态保护。

## （二）建立健全生态空间管控体系

严格落实国家和广西主体功能区战略，以贺州市乡镇行政边界为基准划定网格化管控责权单元，建立贺州市生态空间管控体系。明确贺州市发展定位、空间结构和基本路径，提出强化区域核心竞争力，构建区域科学发展的理想空间框架和实施保障体系。

## （三）加快推进建设“互联网+生态产业”

围绕贺州市生态资源，以“互联网+生态产业”为创新，通过互联网整合优势，构建“旅游、休闲、养生”为产业链的新业态，促进产业升级，建立绿色发展的后发优势，推动“产业生态化、生态产业化”协同并进。一是按照“绿色、循环、低碳”产业发展要求，利用先进生态技术，培育发展资源利用率高、能耗低、排放少、生态效益好的新兴产业，采用节能低碳环保技术改造传统产业，促进产业绿色化发展。二是树立正确发展思路，因地制宜选择好发展产业，按产业化规律推动生态建设，充分发挥和利用好贺州良好的生态环境，积极探索“互联网+生态产业”的新模式，把生态环境优势转化为产业发展优势，让绿水青山变成金山银山。

## （四）强化环境监管工作，提高环境执法力度

一是严格落实环境保护党政同责、“一岗双责”的要求，在政府的统一领导下，推进多部门联合执法，形成打击和震慑各类环境违法行为的强大合力。二是组织开展环境保护大检查工作，做到对环境风险安全隐患排查“全覆盖”，对环境违法行为“零容忍”。严格监管、严格执法，坚决堵塞环境安全监管漏洞，防止各类污染事故发生，保障全市环境安

全。三是加强与湖南永州、广东肇庆和清远市信息沟通，开展联合执法，提高跨行政区域环境污染联防联控、联合应急处置水平。加强市与市、县与县之间的区域联防联控工作，联合行动，共同打击。

### （五）全面加大宣传力度，营造良好社会氛围

广泛利用电视、报纸、网站、户外广告等形式开展全方位媒体宣传，使“既要金山银山，又要绿水青山”的意识深深扎根全市人民的心中，提升市民生态保护理念。通过展板、公益广告等形式，向市民宣传生态环境保护知识，倡导市民在日常生活中进行垃圾分类、绿色消费、环境保护基础设施维护。加强全民生态文明教育，普及生态文明理念，群策群力，共同建设生态保护与建设示范区。

# 对省以下环保机构监测监察执法垂直管理制度的浅思

江西省上饶市环境保护局　程　文

**摘　要：**省以下环保机构监测监察执法垂直管理制度是从改革环境治理基础制度入手，解决制约环境保护事业发展的体制机制障碍，标本兼治，加大综合治理力度，推动环境质量改善的一项制度。本文介绍了垂直管理的定义与优点，剖析了省以下环保机构监测监察执法垂直管理制度存在的问题，分析了原因，并对完善省以下环保机构监测监察执法垂直管理制度提出了针对性的建议。

**关键词：**垂直管理制度　优点　问题　建议

自改革开放以来，环境保护一直是党和政府密切关注的问题，尤其是最近几年，我国正处于转型升级的关键时期和攻坚时期，环境问题更是改革期间绕不开的重要问题。习近平总书记也一再强调环境保护的重要性，提出了“绿水青山就是金山银山”的“两山”理论。但是近些年我国环境保护成效甚微，其中一个重要原因是环保部门归属地方政府部门管辖，治理权限受限。为此，党和政府决定进行环保改革，实行省以下环保机构监测监察执法垂直管理制度，旨在遏制环境管理中的地方保护主义，增强环境监测监察执法的独立性、公正性，解决环境监管失之于宽、失之于软的状况，提高环境监管的有效性。相关专家也表示环保监测监察执法垂直管理除了能有效规避地方政府不正当干预外，还能加强环保工作的垂直监管，提高环保监管效率。这一制度的实行，是环保工作方面的巨大突破和改革。但是环保效率低下的问题由来已久，而且省以下环保机构监测监察执法垂直管理制度也处于试点阶段，在推行过程中仍旧存在诸多问题。

## 一、省以下环保机构监测监察执法垂直管理的定义与优点

### （一）省以下环保机构监测监察执法垂直管理的定义

党的十八届五中全会提出，实行“最严格的环境保护制度”，要求实行省以下环保机构监测监察执法垂直管理。这一制度的实质是市县环保部门下属环保监测监察机构归属省级环保部门下的环保监测部门直接管理，且市县环保监测监察机构人员和经费也由省市财政负责拨付。地市级环保局处于省级环保部门以及地方政府共同领导下，而县级环保局则只是地市级环保部门的派出机构。

### （二）省以下环保机构监测监察执法垂直管理制度的优点

环保问题一直是我国经济社会发展过程中始终绕不开的重大问题，环保体制改革早已迫在眉睫，省以下环保机构监测监察执法垂直管理体制就是在全国民众的呼声中产生的。该制度能够有效增强环保监管的统一性和权威性，是环境质量改善的体制保障。

### 1. 有利于提高政府监管效能

一直以来，我国环保管理体制就以区域性和分散性为特点，环保机构的设置、人员以及经费均由地方政府负责。该制度的实行易导致地方保护主义，不利于对当地政府和相关部门的监管，也不利于统筹跨区域、跨流域的环境问题。省以下环保机构监测监察执法垂直管理制度有利于提高政府监管效能，有利于调整地方与环境相关利益冲突，实现政治经济发展与环境保护协调统一。

### 2. 有利于构建和完善环境保护市场机制

发展不仅是指GDP，发展的产品也不局限于市场上的寻常物品，还包括空气、水源等生态产品。环境治理或者说生态产品，从经济学角度来看，是属于公共物品的范畴，需要依靠政府来主导或者引导，但是也不能忽视构建运用经济杠杆的市场体系的作用。省以下环保监测监察执法垂直管理的实行有利于构建统一、公正、科学的环境信息评价体系和监测监察体系，能够实现环保市场机制更加有效地运作。

### 3. 有利于深化环保管理体制改革

企业是我国经济发展的主体，也是环境污染的主体，而企业排放许可制作为我国环境保护中的基础性制度，在执行过程中一直存在巨大的困难和局限。这也就是当前我国经济发展与环境保护巨大矛盾的关键所在。针对环保工作处于瓶颈期，党的十八届五中全会提出省以下环保监测监察执法垂直管理，同时建立覆盖所有固定污染源企业排放许可制的改革，两种体制的改革密切相关。

### 4. 有利于调动环保参与的公众积极性

随着生活水平的提升，社会大众更加注重的不再是生活温饱，而是生活品质的提高，其中对环境质量改善的需求尤其旺盛和高涨。省以下环保机构监测监察执法垂直管理制度的推行将在很大程度上改善公众对政府部门“互帮互助”式的老旧的执政模式的看法，增加了环境保护工作的透明度，同时建立健全社会参与及监督制度，保证广大群众有效参与环保。

## 二、省以下环保机构监测监察执法垂直管理制度存在的问题及原因分析

### （一）环境质量责任难落实

县级环保部门以地市级环保部门派出机构的形式实行环保监测监察执法垂直管理之后，意味着地方政府要在负责环保具体工作的同时，环保职能责任无法有效落实，从而导致政府在环境质量责任的落实方面存在缺位。

### （二）环境保护统一监管难

旧的环保制度下，地方政府本就存在明显的人员编制不足、机构力量薄弱等问题，实行环保垂直管理后，县级环保机构只是地市级环保机构的派出机构，隶属地市一级管理，换言之就是地市级环保部门对本行政区域内的环保工作实施统一监管，这在很大程度上进一步增加了环境保护统一监管的难度，需要重新定位环保局行政职责范围，同时制定详

细的各级政府的环保职责。

### （三）环境保护工作联动难

环保工作的顺利完成需要各个不同部门的协调配合。省以下环保机构监测监察执法垂直管理制度实行后，基层环保部门拥有了环保执法权，但是环保过程中的强制执法权仍在公安、司法等部门手中。这种情况下环保部门与其他部门协同调节机制难以实现，而且县级基层环保部门只是地市级环保部门的派出机构，在体制上脱离地方政府及其他部门，难以形成环保联动机制。

### （四）环保人员编制难

当前我国正在实行精简政府机构阶段，环保监测监察执法垂直管理实行后，基层环保机构人员如果划归公务员编制，这与当前精兵简政的改革方向相悖。如果将基层环保人员划为事业编制人员，其执法能力将受到限制，因为基层环保机构人员的执法权限只是来源于地市级环保机构的委托。

### （五）环境保护工作任务重

实行环保机构监测监察执法垂直管理后，县级基层环保机构除去监测监察执法权归属省一级环保部门外，还需要承担具体环保工作，如信访投诉处理、减排监测、环保协调等。如果这些工作全部划归基层环保部门负责，一方面会分散环保机构的工作重心，另一方面也会造成大量行政协调工作的涌现。更有甚者在环保工作上其他部门推卸责任，责任机制无法落实。

### （六）环境保护资金投入难

当前各级政府已经在环境治理和保护方面投入大量的经费和精力，实行监测监察执法垂直管理之后，相关费用和管理权收归省市统一管理，这将在一定程度上影响地方政府环境治理和保护的积极性，而垂直管理也使省市一级财政面临巨大的现实压力。

## 三、完善省以下环保机构监测监察执法垂直管理制度的建议

### （一）稳步有序开展改革工作

省以下环保监测监察执法垂直管理制度推行的目的，在于更好地落实地方政府的环境保护责任。生态环境保护需要各级政府共同努力，分级管理。环保机构行政垂直管理是西方发达国家的积极经验，也是中国环保机制改革的目标，但当前中国社会现状还不具备实行行政机构垂直管理的法律、社会条件。改革需要循序渐进，不能矫枉过正，省以下环保机构监测监察执法垂直管理制度的实行是环保机构行政垂直管理最终实现的过渡阶段，是为以后更好地实现行政垂直管理积累经验。

### （二）增加地方环保机构人员编制

当前基层环保机构人员数量众多，但总体人员规模还存在空缺，有效的解决方法是解决环保机构的设置和环保人员的编制。同时可以设立乡镇一级生态环境保护站，延伸环保网络，实现环境监管的全覆盖。

## （三）建立健全各部门协调统一监管机制

建立统一、科学、合理的环保制度，以确保地市级政府对本地区环境质量的监管落到实处，县级以上环保部门对本行政区域内环保工作统一监管落到实处。可以考虑成立新的专门环保附属机构，从而弥补当前工作的空缺。上级政府应该将环保工作划分成不同的任务块，分别由不同的小组负责，工作重心放在污染治理、市场调节、责任考核等方面，通过顶层设计、制度完善等方式，推动环保工作的顺利进行。

## （四）建立区域统一执法机构

我国幅员辽阔，环保工作也因地区的不同而具有明显的区域性和特殊性。针对这些差异性，需要建立以流域、地区为基础的区域统一执法机构，并形成长效机制。

# 对解决昭通突出环境问题促进环境质量改善的思考

云南省昭通市环境保护局　童世新

**摘　要：**解决突出环境问题，改善生态环境质量是生态环境保护的根本目标，要转变思想观念，精心谋划，因地制宜地打好补齐生态环境短板攻坚战，着力提高环境治理水平，保障环境质量指标持续好转。本文结合昭通实际，就解决突出环境问题，深入推进生态文明建设，全面改善生态环境质量，大力提升环保能力，强化环境监管执法，严格生态环境责任考核展开思考。

**关键词：**环境监管执法　生态环境责任考核　生态文明建设

## 一、昭通环境保护工作的现状及成效

昭通市位于云南省东北部，处于云、贵、川三省接合部，辖1区10县，国土面积2.3万$km^2$，现有人口582.95万人，有“云南北大门”之称。资源能源丰富、生物资源种类繁多，是内地入滇乃至南下东南亚、南亚的便捷通道，也是长江经济带对接东盟的重要桥梁。近年来，昭通高度重视生态环境保护工作，以“全国生态文明建设排头兵”为引领，按照建设“山水昭通”“清洁昭通”“森林昭通”的思路，坚持“在保护中发展、在发展中保护”的原则，明确工作目标，突出工作重点，严厉打击各类环境违法行为，全力整治环境问题，改善环境质量，化解环境矛盾，生态环境保护工作取得了一定成效。

### （一）高位推动，深入实施生态文明战略

市委、市政府以战略高度统筹部署生态文明建设，把“生态文明”战略作为昭通“十三五”时期“六大战略”之一，努力建设长江上游重要生态安全屏障，成立市委、市政府“生态文明”战略领导小组，负责统筹协调重大问题。把生态文明建设纳入市委理论中心组学习计划，要求全市各级党委（党组）中心组和在职干部围绕全面实施生态文明战略组织理论学习。结合实际制定深化生态文明建设体制改革总体实施方案，成立专项工作领导小组，编制生态建设规划，加快推进生态文明创建，印发实施《昭通生态市建设规划（2015—2025 年）》和水富、盐津、威信 3 县生态县建设规划。市委、市政府将环保综合督查整改工作纳入年度综合考评和机关作风建设考核内容，加强绩效考评，倒逼任务落实。

市委、市政府成立了由市委书记、市长担任双主任的昭通市环境保护委员会，统筹谋划全市环境保护工作重大事项。2016 年以来，市委常委会、市政府常务会多次专题研究部署环境保护、环保督查整改等工作，市委、市政府主要领导多次调研指导环境问题整改工作。市人大常委会专门开展《环境保护法》贯彻执行情况执法检查；市政协对国家级自然保护区管理情况和农村垃圾处理情况开展专项调研，有力促进了相关问题的整改落实。党委、政府对环境保护工作的重视程度之高、任务部署之紧、工作要求之严前所未有。截至 2016 年年底，全市共创建了 1 个省级生态文明县（水富）、48 个省级生态文明乡镇、510 个市级生态文明村、

2个国家级文明村镇、4个省级园林城镇；全市已建自然保护区16处，总面积110 148 $hm^2$，占全市国土面积的4.8%。

## （二）优化发展，产业结构得到逐步改善

牢固树立绿色发展、“绿水青山就是金山银山”的发展理念，积极构建绿色产业体系，把绿色理念融入产业发展中。抓规划引领，制定产业发展规划、农业发展规划、工业发展规划和信息产业发展规划、现代物流业发展规划等专项规划。发展壮大循环经济，促进生产、流通、消费过程的减量化、再利用、资源化，推动企业循环生产、产业循环组合、园区循环改造，提高全社会资源产出率。深入推动全社会低碳节能减排，推进水、土地、矿产等资源节约集约高效利用。

把好项目用地准入关，调整优化产业结构，化解过剩产能，钢铁、水泥等不符合国家产业政策的项目一律不供应土地，加大对煤炭、电石、水泥等行业产能过剩项目退出后土地资源的盘活，同时对“互联网+”等国家鼓励发展的新产业、新业态，以“先存量、后增量”的原则，优先安排用地供应。昭通虽然以优化经济发展方式为抓手，提升整体思维的前瞻性、有序性、规范性、系统性、预见性和可持续性，逐步化解过剩产能，致力构建绿色产业体系，但是仍处于经济结构调整的阵痛期、换档期和深水期。随着经济社会的发展和生态环境保护工作的加强，工业产能过剩和去库存化的压力凸显，以资源、原材料行业的工业发展受到制约，工业经济发展速度受到冲击，发展速率下滑明显。昭通面临经济结构转型升级的严峻挑战，尤其是部分基础薄弱、生产规模小、工艺水平低、抗市场风险能力弱的工业企业，出现生产成本高、资金紧张、停产半停产现象。能耗水平高，能效水平有较大的挖掘潜力，为牢固树立创新、协调、绿色、开放、共享的发展理念，落实节约资源和保护环境

基本国策，提高能源利用效率和改善生态环境质量，促进供给侧结构性改革和经济转型升级，加快建设资源节约型、环境友好型社会奠定坚实基础。

## （三）多措并举，着力提升城乡人居环境

整合生态环保专项资金，全面推进污染防治实施，修复自然生态，改善环境质量。加快推进城市生活污水处理厂、城市生活垃圾填埋场（垃圾处置利用厂）等环保基础设施建设进度。一是先后建成了所有县区污水处理及配套管网项目，累计建成污水处理能力 19.15 万 t/d。2014—2016 年，为进一步加快污水处理厂配套管网建设力度，不断提高城市污水处理收集率和污水处理厂运营能力，污水处理厂污水处理率和运营负荷率得到了不断提高。3 年新增配套管网 449.68 km，实现月均污水处理率 84.46%，污水处理厂月均运营负荷率 83.93%。二是加快第二城市生活垃圾填埋场建设进度，生活垃圾收运设施不断完善，各县区积极配置完善垃圾桶、垃圾车等收转运设施。同时，全市实施建制镇“一水两污”中央、省级补助资金项目 99 个。

2016 年以来，昭通市紧紧围绕“绝不把脏乱差环境带入小康社会”的要求，成立党政一把手任组长的拆违领导小组，召开千人誓师大会，以拆违为突破口，按照建设“干净、方便、有序、活力、安全”的滇东北城市群明珠为目标，坚持拆除一片、清理一片、收储一片、发展一片，实施了“规划引领、扩容提质、市容整治、绿化提升、美化亮化、以水润城、文化保护、素质提升、产业兴城”九大工程，全面推进“四治三改一拆两增”（即治理市容环境乱象、治理重点区域脏迹、治理城市环境污染、治理城市交通拥堵，改造提升城市基础设施、改造棚户区、改造提升老旧小区，拆除违法建筑，增加城市绿化和公共服务设施）工作，

打开了提升城乡人居环境工作的新局面，掀起了提升城乡人居环境行动新高潮。通过一年多来各级干部的不懈努力、倾力付出，昭通的拆违工作实现了历史性的突破，全市拆除“两违”建筑 330 多万平方米，取缔非法黏土砖窑 150 多家，整理收储土地 202 万多亩。昭通中心城市建成区绿地率达 15.78%，绿化覆盖率达 28.41%。昭通市有秃尾河、利济河等被列入黑臭水体名单，总计 49.57 km，通过启动沿河截污、河岸防护、河道清淤等工程，目前秃尾河 30.52 km 已不属黑臭水体范畴，黑臭水体整治初见成效。

### （四）强化监管，严格环境监察执法稳步推进

（1）环境监管执法取得新的成效。一是环境违法处罚力度不断加大。2016 年，全市共办理环境行政处罚案件 127 件，移送公安机关 4 件，查封企业 3 家，启动按日连续处罚 1 家，处罚款 514.7 万元。全年行政处罚案件数和罚款金额不仅在纵向上突破了年度纪录，而且案件数和罚款金额均超过了“十二五”时期的总和。二是环保违规建设项目整改扎实开展。2016 年，市政府成立了 3 个专项督查组对环保违规建设项目清理整改情况进行检查。全市环评“未批先建、未验先投、批建不符”等 357 个违规项目全部完成整改。三是环境信访妥善处理。颁布《昭通市人民政府办公室关于进一步做好中央环境保护督察组转办环境信访案件办理工作的通知》和《中共昭通市委办公室 昭通市人民政府办公室环境信访工作的通知》，进一步规范了环境信访案件办理流程。2016 年，全市受理的 572 件环境信访件全部办结。四是环境现场监察有序开展。加强县级以上集中式饮用水水源地环境监察，打击各类环境违法行为，取缔了县级以上饮用水水源一级保护区内的所有排污口，规范整治了二级保护区内排污口。五是排污费征收不断规范。2016 年，全市共征收排污费

1 178.87 万元，完成下达任务的 107.17%。纵向比，环境监管执法工作取得了明显进步，但县区之间发展不平衡。

（2）环境监测有新贡献。一是坚持以“全面、及时、科学、严谨”的理念开展环境监测工作服务环保科学决策，完成国控、省控、市控重点污染源和节能减排重点污染源的监督性监测。二是加强监测能力建设、快速提升监测能力水平。市、县两级 12 个环境监测站全部通过省级计量认证，3 个站通过标准化达标验收，建成了覆盖各环境要素的全市环境监测网络。制定了《长江经济带昭通市范围内饮用水水源地环境保护执法专项行动（2016—2017 年）工作方案》，初步建立了赤水河、金沙江、牛栏江等跨区域河流协作监测监管机制。三是按照全市一盘棋工作思路，强化监测工作的监督和考核，按照“以奖代补”的方式落实奖惩，扎实开展各项监测工作。完成 18 个集中式饮用水水源地常规监测工作，定期开展昭通中心城市 $PM_{2.5}$、臭氧监测。监测显示，全市 18 个饮用水水源地水质达标率 88.89%，23 个水质监测断面达标率 91.3%，昭阳中心城市空气优良率达 95.2%。

## （五）夯实基础，促进经济平稳较快发展

（1）资金投入、能力建设取得新突破。一是上级资金争取取得新突破。2016 年，共争取到中央资金 20 676 万元，为历史最高，是 2015 年 800 万元的 25.85 倍，是“十二五”4 670 万元的 4.23 倍；争取到省级环保专项资金 2 571 万元。二是能力建设实现新跨越。市级安排了生态文明建设资金 6 300 万元，11 个县区增加环保投入 1 972 万元，均为历史最高；市县（区）环保局增配了领导职数，增设了科、站机构，新增了人员编制，打破了多年来机构不变的被动局面，有力夯实了环保基础；各县区均成立了环保所，全市环保系统统一配置了执法服装。

（2）污染减排防治稳步推进。一是减排目标圆满完成。2016 年，化学需氧量、氨氮分别削减 0.166 0 万 t、0.023 1 万 t，二氧化硫、氮氧化物分别削减 0.677 9 万 t、0.808 9 万 t，全面完成市政府下达的污染减排总量指标任务，33 个省级重点减排项目已全部完成。二是污染防治成效明显。2016 年，转移废矿物油 106 t、其他危险废物 36.45 t；3 个医疗废物集中处置中心建设的前期工作稳步推进，全市医疗废物过渡性应急处置工作正常开展。

（3）服务经济建设成效明显。始终坚持环评审批服务经济建设的理念，全市共审批建设项目 1 637 个，较 2015 年增长 28.5%。完成建设项目环保“三同时”验收 26 个、房地产预验收项目 6 个。

### （六）注重宣传，努力营造环保工作氛围

以学习宣传贯彻新《环境保护法》为先导，全市所有县区环保系统在岗人员 100%参加了国家级、省级和市级举办的新《环境保护法》解读培训。为把学习宣传贯彻新《环境保护法》活动深入推进，昭通市环保局陆续开展编制行政执法资料、组织环保法律法规培训、进行环保法律法规知识考试、举办环保法主题演讲、举行环保法律法规知识竞赛等活动。通过活动的开展，广大干部职工学法用法意识得到提高，环境监察执法人员执法能力得到提升，在工作中做到大胆用法、敢于执法、善于执法。

同时，广泛开展一系列环保宣传普法活动，全方位、多层次、多角度、多渠道学习宣传环保法律法规，企业和广大人民群众法律意识得到提高，全民参与保护环境的氛围得到进一步体现，生态环境保护得到进一步推进。

## 二、昭通环境保护工作存在的困难及不足

由于历史遗留问题和多方面因素的综合影响，当前还存在许多困扰生态环境质量改善的问题，突出表现在以下四个方面。

### （一）环保能力建设不足

由于历史欠账较多，监察、监测基础能力建设仍在起步阶段，全市环境监察执法人员编制183名，在编115名，执法装备不足，大部分装备欠缺数量大，执法车辆未得到全面保障，执法机构未达到标准化建设。部分县区环境监察、监测工作经费严重不足，一定程度上制约了工作的正常开展。同时，人才队伍十分紧缺。全市环境监察、监测队伍的人才结构不尽合理，没有充分发挥人尽其才的作用，高层次的领军人才缺乏，技术骨干流失严重，监测分析技术人员不足。基层监察大队、监测站尤其是专业人才、技术人才更是严重匮乏。

### （二）部分企业难以监管

近年来，昭通强化部门配合，形成上下联动、部门互动的工作格局，严厉打击不符合产业政策，不符合产业布局规划，未办理工信、发改、土地、环保、工商、质监、电力等相关审批手续，无污染治理设施或设施不完善，不能对污染物进行有效处置，无组织排放严重，没有治理价值，不能稳定达标排放的“散乱污”企业。但是，“散乱污”投入少、规模小，短期见效快，企业容易死灰复燃，给管理带来难度，特别是难以从根本上杜绝小作坊、小餐饮等小企业建设、生产和运营，给环境带来一定影响。

### （三）企业环保理念薄弱

昭通属于西部欠发达地区，生态环境脆弱，人口多底子薄，贫困面广且程度深，经济发展落后，交通基础条件较差，自然环境恶劣，企业分布零散、点多面广。部分企业环保意识淡薄，履行企业环保责任的意识差，追求经济利益强烈，轻视污染防治，污染治理设施管理水平不足，环保违法违规现象时有发生。

### （四）部门协调联动不畅

虽然环境行政处罚力度持续加大，但企业偷排漏排现象仍时有发生，“守法成本高、违法成本低”的局面尚未从根本上扭转；部分企业环保意识淡薄，生产工艺落后，环保设施不完善，管理水平欠缺，造成环境问题、环境信访问题日益凸显。环境保护有关部门打击环境违法的合力没有从根本上形成，打击环境违法的威力还没有得到充分发挥。发改、工信、国土、住建、水利等职能部门主动履行环保责任有待进一步提高。

## 三、昭通环境保护工作存在不足的对策研究

建设长江上游重要生态安全屏障是改善昭通生态环境质量的有力抓手，需要全社会共同参与，严格执法，以“踏石留印、抓铁有痕”的勇气和毅力，久久为功、多措并举、持之以恒地抓好抓实相关工作。

### （一）深入推进生态文明建设

生态文明建设是“五位一体”总体布局和“四个全面”战略布局的重要内容，要切实贯彻新发展理念，树立“绿水青山就是金山银山”的

强烈意识，落实国家有关生态环境保护的决策部署，落实长江上游重要生态安全屏障功能定位，全力推进“生态文明”战略实施，全面推进生态文明体制改革，促进经济社会与环境保护科学发展、和谐发展。要不断强化生态建设和环境保护，提高生态环境质量，增强环境承载能力。切实加大造林绿化力度，着力实施好生态修复、退耕还林、小流域治理、天然林保护、石漠化综合治理等生态工程，加强湿地和生物多样性保护，抓好森林资源营造管护，努力实现山青、水绿、天蓝、地净，推动昭通生态建设再上新台阶。实施大气、水、土壤污染防治行动，严格环境执法，加强环境质量检测。大力开展农村环境综合整治，推广连片治理。划定生态保护红线，严格生态空间管制，进一步优化国土空间开发布局，提升土地开发利用效率。加强农业面源污染控制和农业废弃物管理。大力发展循环经济、低碳经济，促进节能降耗。大力弘扬生态文明主流价值观，抓好城乡系列绿色创建，切实打造生态宜居昭通。

## （二）全面改善生态环境质量

改善环境质量是我们一切工作的出发点和落脚点，是检验工作成效的重要标准。全市上下必须坚持改善环境质量这个核心，以问题整改为导向，抓住关键，重点推进。

（1）要以“提升污染防治水平”为根本，推进总量减排。污染减排目标是约束性指标，是必须全面按期完成的“硬任务”，要在结构减排、工程减排、管理减排上狠下功夫，依靠科技减排，加快淘汰落后产能，控制能源消耗总量，降低能源消耗和污染物排放强度。要深入实施“大气十条”“水十条”“土十条”，严格执行国家产业政策，围绕大气、水、土壤、重金属、危险废物等重点领域加强污染防治。尤其要加强大气污染防治，做到源头严防，过程严控，后果严惩，采取有效措施加以解决。

要加强水泥行业、火电厂脱硝设施及在线监测的运行监管，确保污染防治设施正常运行。加强城市生活污水处理厂配套管网和雨污分流工程建设力度，提高进水量及进水浓度，确保所有县区生活污水处理厂形成有效减排。加大农村治污投入，遏制工业污染向农村蔓延，有效保护农村土壤环境。

（2）要以“严格环境准入”为红线，提升环评审批效率。严把环评准入关，充分发挥项目环评“预防污染和生态损坏”的前置作用，坚决不允许未经环评或环评未通过的项目上马。市、县环保部门要认真兑现便民高效、公开透明、接受监督、廉洁自律、公平公正、严格审批、强化验收“七项承诺”，切实强化服务意识和大局意识，优化环评审批服务，对保增长、保民生的重大建设项目和符合产业政策的招商引资项目，主动提前介入，加强沟通协调，进一步畅通审批“绿色通道”，为企业提供最优质的服务。加强部门衔接，做好事前、事中、事后全程跟踪服务和监督管理，全力确保全市大中型建设项目环评率、“三同时”执行率达100%。

（3）要以“加强环境监测”为突破口，提升环境监管水平。环境监测数据质量是监测工作的“生命线”，必须时刻把监测数据质量摆在监测工作的突出位置。要强化环境监测覆盖面。对全市在册污染源实施全面监测，提高对重点污染源的监测频率，总体掌控污染物排放浓度和超标状况，及时全面地掌握污染物排放动态变化；要强化环境质量综合分析。通过加强环境质量变化规律分析、环境质量变化原因分析和总量分析，为环境监管和行政执法提供全方位服务；要强化环境监测能力建设，确保2017年实现全覆盖。通过提升监测队伍水平，以加强污染源监测质量管理为切入点，严把监测质量关，从而确保数据真实可靠，为环境管理提供准确科学的监测数据。通过环境监测与环境监察相互协作与协同互动，对现场发现的异常排污情况及时进行采样监测分析，为监督执法提供及时准确的监测数据，强化环境监测对环境监管的技术支撑作用。

（4）要以“强化宣传教育”为基础，提升全民环保意识。要整合社会各方宣传力量，充分发挥网络、电视、报刊等宣传媒体作用，加强新《环境保护法》《水污染防治行动计划》《大气污染防治行动计划》等法律法规和相关配套规章制度的宣传，引导全社会以实际行动关心环境、珍惜环境、保护环境。尤其要加强对各级党政领导干部、部门负责同志、一线环境执法人员、企业负责人的培训，使其知法、敬法、守法、用法。进一步建好环保门户网站，通过微博、微信等新媒介，建立公众及环保社会组织参与环境保护的良性互动平台。

### （三）大力提升环保能力

一是要提升队伍素质，夯实环保基础。进一步加大对环境执法、环境监测、环境应急等工作的支持力度，在组织机构、人员编制、职级待遇、工作经费和办公设施上予以支持和倾斜。要加大对全市环保系统干部教育培训力度，充分利用各种平台和措施，加强人才队伍建设和科技人才支撑，锻造一支善管理、懂知识、精业务的环保人才队伍。二是要加强协调、建立完善信息共享机制。在开展环境执法联动工作中，环保部门要主动与法院、检察院、公安等部门加强协调沟通，争取支持，加强学习，共同探讨、共同研究，切实整合执法资源，努力提高办案质量和水平。并及时接入检察院建立的“信息共享平台”，及时录入相关信息。

### （四）强化环境监管执法

（1）以严格监管执法为重点，促进环保守法常态化。要以“全覆盖、零容忍、明责任、严执法、重实效”的方针，加大对新建、改建、扩建项目环保“三同时”制度落实情况的检查力度；强化对重点污染源日常监管和重点抽查相结合的方式严格监督管理，督促企业完善污染防治设施，确保污染物长期稳定达标排放；扎实有效推进环境监管网格化工作；加大辐射环境执法力度，严格管理，落实主体责任，健全完善各项规章制度，全力消除辐射安全隐患；严格执行“两高”司法解释，推进环保与司法部门联动执法，公安等相关部门要为环境监管执法适时提供有力的支持，为环境执法扫除障碍、消除威胁。通过严格监管、严厉执法，坚决扭转环境监管执法“宽、松、软”的局面，最终实现环境监管执法“严、实、硬”，促使企业严格守法，让环保守法成为常态，确保企业达标排放，切实维护人民群众的环境权益。

（2）厘清职责，形成环境保护多元共治格局。环境保护和生态文明建设是各级党委、政府和有关部门的共同责任，要着力在压实责任、完善制度、营造氛围上下功夫，努力形成党委、政府、企业和公众共管共治的环境治理体系。相关部门全面履行职能责任。党委、政府是主体责任，相关部门有各自的责任，在各自职责范围内必须履行环境保护的责任。管资源的要管环保，管发展的要管环保，管产业的要管环保，管生产的要管环保，管建设的要管环保，管社会稳定的也要管环保，相关职能部门都有环境保护的责任。

（3）联合打击环境违法行为。在环境执法工作中，各级环保部门要勇于担当，排除一切困难，主动执法、依法执法，对该移送公安机关的要坚决移送，要查处一批有震慑、有影响的案件；公安部门要对环保部门移送案件证据的收集调查做好指导服务，及时受理移交移送的案件，及时侦办，对环保部门在工作中遇到的阻碍执法、妨害公务、暴力抗法等违法犯罪行为，要及时依法查处；检察院要对涉嫌犯罪的案件适时介入侦查、引导取证，依法从快批捕、起诉，切实保证办案质量，对环境监管执法做好监督，及时追究失职渎职行为，防止职务犯罪；法院部门要依法支持、监督环保部门依法行政，及时受理环境保护行政、刑事、民事案件及非诉执行案件，依法快审快执。通过部门联合，严格按照新《环境保护法》及四个配套办法查处一批影响大、有震慑力的环境违法行为。

### （五）严格生态环境责任考核

要按照《昭通市环境保护工作“党政同责、一岗双责”管理规定（试行）》要求，全市各级党委、政府及有关部门、企事业单位要依法履行环境保护职责，明确第一责任人、直接责任人，建立责任体系，签订年度目标责任书，严格开展考核，实行环保考核“一票否决”，强化责任追究。

做好昭通的环境保护工作，务必树立大环保意识，要结合实际，找准环境保护与经济发展的最佳结合点，按照“既要金山银山，又要绿水青山，宁要绿水青山，不要金山银山，而且绿水青山就是金山银山”的发展理念破解环境保护与经济发展的难题，不断改善昭通生态环境质量。

# 以民为本，打造水土良好环境<br>标本兼治，建设绿色宜居家园

上海市杨浦区环境保护局　葛　军

**摘　要：**本文通过对上海市杨浦区河道水环境、区域土壤污染现状进行分析，提出了改善该区河道水环境质量、治理区域土壤污染的对策及建议；通过具体对策及措施的实施，确保“十三五”期间，杨浦区区域生态环境质量持续改善，大气、水、土壤、绿化环境质量稳定持续改善，主要污染物排放总量持续削减，城区面貌更加宜人。

**关键词：**河道　土壤污染　对策　建议

杨浦区位于上海市中心区的东北部，地处黄浦江下游西北岸。依据《中共上海市杨浦区委关于制定杨浦区国民经济和社会发展第十三个五年规划的建议》，杨浦区正逐步建设成为具有全球影响力的科技创新中心重要承载区和国际大都市中心城区。然而伴随着杨浦区经济社会文化的稳步发展，区域环境问题也逐渐凸显。当前杨浦区面临着两大突出环境问题，分别是河道水体环境质量低下以及区域土壤环境污染问题。这两大突出环境问题严重威胁了人民群众生产生活和身体健康，并且成为制约区域社会经济可持续发展的重大阻碍。

## 一、浅析河道环境质量现状

杨浦区境内共 17 条河道，总长度约 56.19 km。河网密度为 0.93 $km/km^2$，河口面积 5.55 $km^2$，按河湖总面积计算的河面率为 9.63%（含黄浦江），不含黄浦江为 2.4%，河面率为 9 个中心城区（含闸北）第三位，仅次于浦东新区、普陀区；河道槽蓄量 298.84 万 $m^3$，居于中心城区第二位。17 条河道中市管河道 2 条、区管河道 15 条。复兴岛运河以及虬江可以通航，通航等级为 1 级；其余河道均不能通航。

2012 年杨浦区河道市控断面综合水质指数在上海市 15 个考核区县中曾名列倒数第一。据 2015 年的地表水环境质量监测数据，全区 20 个断面的达标率为 60%，11 个考核断面达标率为 54.5%。水质超标因子主要为氨氮、总磷和溶解氧。从 2017 年 3 月的监测情况来看，主要河道水质情况同比得到了一定改善，但环比变化存在恶化情况。

目前，杨浦区河道水环境整体不容乐观，河道水质除新江湾城水系外，大部分河道处于劣Ⅴ类。全区黑臭河道 3 条，重污染河道 4 条，劣Ⅴ类水河道占全区 2/3 以上。河道景观体验总体不佳，沿河观赏和河岸活动人数欠少。生态河岸段集中在新江湾城，虬江、东走马塘、杨树浦港等河道景观还有待进一步完善。河湖水系连通性不足，还存在瓶颈段和箱涵、暗管连通段。初期雨水直排河道情况存在，河道淤积、底泥污染、污水直排河道状况需进一步治理。总的来说，杨浦区水污染严重的状况仍未得到根本性遏制，区域性、复合型、压缩型水污染日益凸显，已经成为影响水安全的最突出因素，防治形势十分严峻。

## 二、对河道水环境治理对策建议

区域河道水环境质量低下一直是杨浦区环保工作关注的重点问题。自 2000 年以来，已滚动实施了 6 轮环保三年行动计划。在区相关部门的努力下，近年来主要河道水质正逐步改善。根据 2016 年发布的《上海市杨浦区水污染防治行动计划实施方案》（以下简称《方案》），为实现《方案》中制定的工作目标，在未来的河道水体整治中还需继续加强以下几个方面的工作。

（1）完善污水收集管网建设。继续完善污水收集管网建设，全面消除管网空白区域，确保实现污水全收集、全处理。加大雨污水管网混接点改造。采用 CCTV 等技术加大对排水管网的检查力度，增加管网污泥的清掏频次，落实通沟污泥境内全处理。全面排摸管网雨污混接情况，加快分流制区域雨污混接点改造，对有条件的居民小区实行雨污分流，对不具备条件的试点探索泵站末端截留的方法及效果。

（2）推进市政设施污染控制。着力推进市政设施污染控制，全面启动城市地表径流和市政排水设施污染控制，将市政泵站纳入污染源管理体系，逐步推行排污许可管理，加快推进市管泵站的旱流截污改造，完善泵站优化调度运行制度，控制雨水泵站的雨前放江、溢流放江污染，开展初期雨水治理前期研究工作。

（3）开展河道生态治理。在保障防汛及河道系统安全运行的前提下，以坚持河道生态治理、环境品质提升为导向，转变治理方式，优化河道线型、逐步改造护岸结构，营造水生植物、河道微生物有益菌群和利于河道鱼虾合理生长的河床、河岸环境，利用水生动植物去除过多氮、磷等河道富营养化元素，建设“岸绿、景美、生态”的河岸、河滨水环境，恢复美丽城市河道，塑造中心城区魅力河道。

（4）坚持统筹协调综合治理。河道水环境治理涉及河道综合治理、城镇污水收集处理、通沟污泥清除处置、城镇生活垃圾清除管控、大气环境控制与清洁化、工厂和汽车废水、废气减排与无害化排放等，目前河道水环境质量不高，“冰冻三尺非一日之寒”，河道水环境治理涉及众多部门、领域，还涉及城市生产生活方式的转变、居民文化素质的提升。因此河道水环境治理要坚持部门合作、市区联合、人人参与，坚持统筹协调、综合治理，通过政府领导、社会支持，狠抓落实，努力提升河道水环境质量。

## 三、浅析区域土壤污染现状

杨浦区作为上海市近现代工业的起源和发展中的中心城区，其工业化进程历史悠久、门类众多，杨浦滨江区域是中国近代工业发展的摇篮，有着近百年的生产历史，而随着老工业区化工、制药、冶金、纺织等工业企业的搬迁，致使黄浦江沿岸 15.5 km 的滨江区域集中了大量待调查评估的遗留工业场地。滨江区域属于典型的老工业区，早期工艺设备相对落后，环保设施不完善，导致在生产过程中的“跑、冒、滴、漏”现象比较严重，存在较高的土壤污染风险。所以，对这些存在潜在污染的遗留工业场地进行场地调查、环境整治、修复和再利用是一项具有着深远意义的时代使命。

依据对滨江区域部分场地的初步调查可知，遗留工业场地潜在的污染物质包括重金属、石油烃、挥发/半挥发性有机物、氰/氟化物、农药等。其中机加工企业和能源发电企业土壤污染情况较严重，主要污染物质为重金属、半挥发性有机物与石油烃。化工企业主要污染物为半挥发性有机物。不同类型工业企业长期的生产经营活动已经导致了滨江区域各类污染物质不同程度的污染，且由于工业布局缺乏合理性，化工、能源、机加工、轻工四大类企业集中于滨江南段，密集的工业活动造成该段区域污染超标严重。加之很多工业企业可能存在设备落后，生产经营方式粗放，资源利用效率偏低，废弃物处理的环保设备和措施没有落实到位的情况，更增加了污染物的产出。

## 四、土壤污染治理建议

2015 年杨浦区环保局制定了 2015—2017 年（第六轮）环境保护和建设三年行动计划，已将土壤、地下水污染防治专项工作纳入其中。针对土壤、地下水污染防治专项，设立了工作的主要目标，“制定落实工业场地土壤污染防治方案目标，加快构建资源整合、权责明确的场地污染防治环境管理体系”，并明确了三年行动计划的四项任务。面对当前的土壤污染现状与防治工作要求，通过综合考虑、系统调控、厘清重点、明确方向，建议“四管齐下”推动土壤环境治理。

（1）推进土壤质量普查。结合现有工作基础，优化整合土壤及地下水环境质量监测点位。以当前布局为基本，并结合未来城区规划，土地部门土地收储计划，划分监测地块，构建监测网络。以工业园区、重点行业企业用地、交通干道两侧和优先管控的潜在污染场地为重点，开展建设用地土壤环境质量监测；以浅层地下水为重点，加强重点区域土壤及地下水联动监测，完善地下水监测网络。系统地开展土壤现状调查，分析重金属、农药残留、有机污染物等项目及土壤理化性质。以调查获得的土壤背景数据为基础建立污染场地土壤和地下水环境质量信息化档案，为污染场地管理及风险综合控制服务。

（2）加强场地环境监督管理。上海市环保局已于2014年颁布了《关于保障工业企业及市政场地再开发利用环境安全的管理办法》（沪环保防〔2014〕188号），明确了政府、相关部门、污染企业以及场地开发利用者的权责关系，制定了场地环境调查、风险评估、修复方案编制和修复工程施工等方面的规范，提出了场地环境保护从业单位的资质要求，并制定了监督管理要求，也明确了相应的违规责任。我们将抓住这一有利契机，加大对土壤监管监测力度，在土壤污染治理中坚持污染者付费原则，对于造成的损害责任，无论是财产性、精神性还是其他生态环境损害一律追究。对于历史性遗留的污染性土壤修复治理要一分为二，监管部门要发挥主导和引导功能。加强区域污染场地的防控监管、保护力度，提高科学化管理水平。

（3）健全资金投入保障。对于土壤修复治理资金的巨大缺口，要形成稳健的修复治理投入机制。要加大土壤污染修复治理的资金投入水平，更要积极创新投融资政策，建立有效的融资机制，充分发挥社会资本力量，逐步由“政府主导、市场为辅”向“财政引导、企业施治、市场为主、社会参与”的格局转变。按照“谁污染、谁治理”的原则，由区政府督促企业落实土壤污染治理资金，按照“谁使用、谁负责、谁投资、谁受益”的原则，利用市场机制引导和鼓励社会资金投入土壤污染治理修复，形成健全的土壤污染修复治理市场化机制，发挥市场配置资源的决定性作用。

（4）构建公众参与途径。形成有效的多方社会治理机制，重视加强涉土环境信息公开，保障社会公众的知情权。创新公众参与方式，形成便利的公众参与渠道和灵活的参与机制。充分发挥社会公众在土壤污染修复治理中的决策参与、监管监督作用，推进土壤污染损害公益诉讼，保障公众环境健康权益。建立公众参与的激励机制，采取多样化的公众参与形式，营造公众参与氛围，实现公众实质性参与。

## 五、结语

杨浦区“十三五”规划提出了区域生态环境质量持续改善的要求，提出“大气、水、土壤、绿化环境质量稳定持续改善，主要污染物排放总量持续削减，城区面貌更加宜人”。水、土是经济社会可持续发展的物质基础，关系人民群众切身利益，保护好水体与土壤环境是推进生态文明建设和维护国家生态安全的重要内容。因此，当前亟须着眼区域环境的突出问题，在深入剖析河道水体、土壤环境污染现状的基础上，全面开展生态环境整治工作，化解城区经济发展与环境保护的矛盾与冲突，改善区域生态环境质量，从而为杨浦区的可持续发展提供坚实的环境保障。

# 依法清理环保违规建设项目有序化解环境历史遗留问题

山东省滨州市环境保护局　韩广智

**摘　要：**滨州市高度重视，精心组织开展环保违规建设项目清理整顿工作，按照“淘汰一批、规范一批、完善一批”的原则，截至2016年年底，基本完成对全市410个环保违规建设项目的分类清理整顿，取得了阶段性成果，实现了环境保护和经济社会发展的共赢。

**关键词：**建设项目　清理整顿

由于历史等多方面原因，2002年以来，滨州市同其他地方一样也先后出现了一些环保违规建设项目。这些违规项目没有经过环境影响评价和法定程序把关，对全市环境安全和经济社会持续健康发展造成了不利影响。与此同时，也有部分违规建设项目生产技术先进，符合国家产业政策，但由于手续不完备，影响了企业快速健康发展。为认真落实《环境保护法》，妥善化解历史遗留问题，2014年10月，山东省率先启动环保违规建设项目清理整顿，滨州市高度重视，精心组织，按照“淘汰一批、规范一批、完善一批”的原则，截至2016年年底，基本完成对全市410个环保违规建设项目的分类清理整顿，并取得了阶段性成果：一方面，规范市场秩序，化解环境风险，维护法律权威；另一方面，为先进生产力解除不必要的束缚，增强实体经济活力，实现环境保护和经济社会发展共赢。

## 一、基本情况

山东省滨州市，位于黄河下游、鲁北平原，地处黄河三角洲腹地，国土面积 9 600 $km^2$，海岸线 240 km，人口 373 万，辖六县一区及市经济开发区、高新技术开发区和北海新区。“十一五”以来，滨州积极抢抓国家扩大内需保增长、环渤海经济圈加速崛起以及黄河三角洲高效生态经济区、山东半岛蓝色经济区开发建设等重大机遇，按照“四环五海·生态滨州”“粮丰林茂·北国江南”城市目标定位，解放思想，抢抓机遇，创新实干，经济发展取得了令人瞩目的辉煌业绩。然而，也带来一系列环境问题。受环保意识不强、环评审批周期较长等因素影响，截至 2014 年年底，滨州市共清理出环保违规建设项目 410 个，经过接近两年的集中整治，目前已完成清理整顿工作任务。

自清理整顿工作开展以来，全市共淘汰关闭落后生产设施 27 台(套)，督促 2 个项目实施了退城进园、异地搬迁，全市工业结构和布局得到进一步优化；投资 22.8 亿元，对 429 个污染治理设施进行了配套完善或升级改造，其中实施废气治理工程 305 个，实施废水治理工程 124 个，有 25 个项目直接按照下阶段排放标准实施了环保设施升级改造，全市治污减排能力得到进一步提高；投资 3.5 亿元，对 8 个村庄启动了搬迁，涉及居民 1 727 户 5 700 人，一批环境风险和社会矛盾得到有效化解。

## 二、主要工作开展情况

### （一）提高思想认识，加强组织领导

滨州市委、市政府高度重视清理整顿环保违法违规建设项目工作，要求对产能落后、环保不达标、扶持无意义的项目依法坚决淘汰；对符合产业政策、环保尚未达标的，限期治理；对符合产业政策和环境管理要求、手续不完善的，抓紧完善、规范运行。市政府成立了专门领导小组，由市政府主要领导任组长，四位副市长任副组长，环保、发改、经信等市直部门和有关县区政府主要负责同志为成员，其间先后3次召开专题会议研究解决问题，坚持每月调度，印发《滨州市清理整顿环保违规建设项目工作方案》（滨环字〔2015〕87号），明确任务，细化措施，落实责任。形成了党委领导、政府负责、部门齐抓共管、企业具体实施的工作格局，保障了清理整顿工作的顺利开展。

### （二）坚持实事求是，正确把握策略

从实际出发，研究确定了清理整顿工作思路，即针对环保违法违规项目的不同类型，区分已有和新建两种情况，分类分批进行整改。在坚持法律原则的前提下，以区域生态环境质量逐年改善作为约束性要求，实事求是地有序化解历史遗留问题。通过淘汰一批、规范一批、完善一批，落实违法违规项目单位环境责任，规范市场竞争秩序，倒逼传统行业转型升级。坚持实事求是、依法行政、分批处理、防范风险、统筹兼顾、力求共赢的清理整顿工作原则，甄别违规项目不同情况，分类分批进行处理。对污染严重且治理无望的落后产能依法责令停业、关闭。对

符合产业政策但达不到环境管理要求的已有项目实行限产或停产整治；对在建或建成未正式投运项目依法责令停止建设，要求按规定补办手续。对符合产业政策且达到环境管理要求的已有项目开展现状环境影响评估，依法完善环保手续。

### （三）夯实工作基础，有力有序推进

清理整顿工作历时长，要求高，难度大。在工作中，滨州市稳步实施，扎实推进，确保每个步骤做实，每项工作做细，打好工作基础。为确保摸底调查彻底全面，先后十余次组织召开工作会和重点地区、企业座谈会，认真听取企业和各地政府存在的困难和建议，打消顾虑，引导主动如实上报违法违规项目。按照“淘汰一批、规范一批、完善一批”的思路，对整改方案逐个项目提出了处理意见。为加快推进清理整顿，各级、各部门盯紧目标，持续发力，不断督导，强力推进整改。实行月调度通报，每月 5 日前调度工作进展。强化现场督导，组织对各地进行全面督导，及时解决工作中存在的问题。针对一些重点项目，专门派出工作组深入企业现场辅导，帮助企业解决工作障碍。多次召开推进会、调度会，约谈县区主要负责同志，进一步加大了工作力度，全力攻坚，加快整改。

### （四）严格标准要求，务求整改实效

一是严守底线。对环境风险防范措施落实不到位、环保设施整改不到位，直接影响群众健康、威胁环境安全的，坚决予以取缔；对未按要求联网、未按期完成整治任务的，一律责令停产。二是严格规范。对取缔类项目，果断采取断水、断电措施，严格进行现场核查，做到取缔到位，杜绝死灰复燃；对规范类项目，严格进行现场检查监测，确保污染

物稳定达标排放。对具备条件的完善类和经限产、停产整治后达到环境管理要求的项目，积极督促企业开展现状环境影响评估，办理备案手续；对列入停止建设的项目，督促开展环境影响评价工作，严格按程序报批。三是严控标准。在规范类调整为完善类的过程中，把项目是否符合产业政策、是否满足环境管理要求作为前提条件，严格把关。强化对现状环境影响评估报告的审核，组织行业专家、监测专家等进行现场踏勘和技术评估，确保现状环境影响评估报告结论真实、可靠。

### （五）完善执法机制，严惩违法行为

2015年1月1日新《环境保护法》实施以来，全市各级、各相关部门以改善环境质量为核心，借势发力，齐抓共管，转变思路、创新监管执法模式，运用法律赋予的新手段、新措施，不断增强监管执法力度。仅2016年，全市就处理了环境信访案件2 641起，责令停产整顿企业54家，立案处罚320起，处罚金额2 400余万元，刑事拘留78人，移送起诉53人，对违法企业起到了有力震慑作用。2016年，两次组织对全市环保违法违规建设项目清理整治情况、新《环境保护法》实施以来新出现环保违建项目情况开展独立调查，对未落实整改要求的分别责令停产整治、依法取缔关闭和实行司法移交，督促各级部门认真贯彻实施环境保护相关法律法规，严格依法履职，坚决遏制新出现环保违法违规建设项目。

## 三、几点体会

滨州市在清理整顿环保违法违规建设项目工作中取得了一定成效，规范了一批企业环保管理，解决了一批突出环境问题，化解了一些社会

风险。此项工作的顺利开展，个人有以下几点体会：

### （一）违规项目清理整顿体现了各级政府和部门的担当

项目违规建设是一定时期的历史遗留问题，清理整顿环保违规建设项目，既是依法治国的必然要求，也是改善环境质量、规范市场秩序、有序化解历史遗留问题的迫切需要，还是各级党委、政府和部门勇于担当的具体体现。

### （二）工作格局是违规项目清理整顿工作顺利开展的基础保障

滨州市的环保违规建设项目从 2014 年 10 月的布置启动到 2015 年 8 月的名单确定，再到顺利开展直至基本达到预期效果，也走过了等待观望、瞻前顾后到积极参与、主动整改的过程，回头总结“党委领导、政府负责、部门齐抓共管、企业具体实施、群众积极参与”的工作格局，是清理整顿工作顺利开展的基础保障。

### （三）强化事中事后监管确保环保违规项目真正纳入日常监管

认真落实原环境保护部《建设项目环境保护事中事后监督管理办法（试行）》（环发〔2015〕163 号），大力推进从以审批为主的事前监管向以日常监督检查和查处违法行为为主的事中事后监管转变，深入开展“双随机”检查，提高监管水平。强化建设项目信息公开，对涉及建设项目环评审批、“三同时”制度执行情况的环境投诉认真进行现场调查核实，对查实的违规违法行为严格依法查处，充分保障公众的参与权、知情权和监督权，保护群众的合法环境权益。

# 怀柔区水环境污染存在的问题及对策

北京市怀柔区环境保护局　鲁颖彤

**摘　要**：本文从北京市怀柔区水环境现状出发，分析了水环境污染存在的主要问题，并提出了加大农村污水处理设施建设力度，探索创新污水处理设施管理模式，加强农业、养殖污染源治理，开展违规河道综合整治工作，加强环境执法监察能力建设和引导全民参与增强守法意识六个方面的治理对策。

**关键词**：怀柔区　水环境污染　问题　对策

怀柔区位于北京市东北部，距市区 40 km，距首都机场 27 km，2004 年京承高速路直通怀柔，成为首都半小时经济圈。境内风光秀丽，气候宜人，素有“京郊明珠”的美誉。怀柔是一座美丽的卫星城，青山绿水绕半城。这里有俊美的长城，茂密的原始次生林，洁净的空气和纯净的水，是最适合人类生存发展的地方。然而随着经济的快速发展，怀柔区的水环境也面临严峻的形势，现就怀柔区水环境存在的问题及对策谈点粗浅的看法。

## 一、水环境概况

怀柔区是首都重要的生态涵养发展区和饮用水水源保护地。区域总面积 2 122.3 km$^2$，其中 97.1%的面积为北京一级、二级、三级饮用水水源保护区。全区河流分属海河流域的潮白河和北运河水系，以潮白河为主，北运河其次。区内有四级以上河流 17 条，大、中、小型水库 17 座。平原区有北京水源八厂补水区、北京市怀柔应急备用水源地（46 眼水源井）。京密引水渠穿越怀柔，怀柔水库直接为北京供水。怀柔区北部五乡镇属密云水库的主要水源地。

境内的主要河流渠道有 12 条，分别为Ⅱ类水体的怀沙河、怀九河、白河、天河、汤河、琉璃河、渣汰沟、京密引水渠（共 8 条）和Ⅲ类水体的雁栖河、沙河、潮白河、怀河（共 4 条）。大、中型水库 3 座，分别为Ⅱ类水体怀柔水库和Ⅲ类水体的北台上水库（雁栖湖）、大水峪水库（青龙峡）。

## 二、水环境现状

随着怀柔经济社会的发展，怀柔区主要河流、水库水质出现了不同程度的变化，个别河流水质出现了下降，达不到水功能区划分的要求，地下水水质基本保持稳定，能达到饮用水质量标准要求。

### （一）主要河流水质情况

（1）天河、汤河、白河、渣汰沟、琉璃河、怀九河 6 条河流 2013—2016 年现状水质均为Ⅱ类，达到了北京市水务局 2008 年 9 月编制的《北京市地表水功能区划方案》规划的Ⅱ类水质标准。

（2）沙河［在北京市地表水功能区划中为饮用（地下水补给区）水源区］2013—2015年现状水质分别Ⅱ类、Ⅲ类、Ⅲ类，2016年，除1月为Ⅲ类水质外，其余月份均为Ⅱ类水质，达到了《北京市地表水功能区划方案》规划的Ⅲ类水质标准。

（3）雁栖河2013—2015年现状水质分别为Ⅱ类、Ⅲ类、Ⅲ类，达到了《北京市地表水功能区划方案》规划的Ⅲ类水质标准；2016年1—6月，有3个月为Ⅲ类水质，3个月为Ⅳ类水质，水质有所下降。

（4）怀河2013—2015年现状水质均为劣Ⅴ2类水质，与2012年现状水质相同，未达到《北京市地表水功能区划方案》规划的Ⅲ类水质；2016年1—6月，现状水质最好为Ⅳ类，最差为Ⅴ1类，比以前年度有所改善，但仍未达到《北京市地表水功能区划方案》规划的Ⅲ类水质。

（5）怀沙河是怀柔水库的2条入库河流之一（另一条为怀九河），2013—2015年现状水质分别为Ⅲ类、Ⅳ类、Ⅲ类，比2012年的现状Ⅱ类水质下降，未达到《北京市地表水功能区划方案》规划的Ⅱ类水质；2016年1—6月，有4个月为Ⅱ类水质，1个月为Ⅲ类水质，1个月为Ⅳ类水质。

## （二）主要水库水质情况

（1）怀柔水库2013年至2016年6月现状水质均为Ⅱ类，与2012年水质类别相同，达到了《北京市地表水功能区划方案》规划的Ⅱ类水质。

（2）大水峪水库2013—2015年现状水质分别为Ⅱ类、Ⅲ类、Ⅲ类，达到了《北京市地表水功能区划方案》规划的Ⅲ类水质，但2014年、2015年比2012年的现状Ⅱ类水质下降；2016年1—6月，除1月为Ⅲ类水质外，其余月份均为Ⅱ水质，达到了《北京市地表水功能区划方案》规划的Ⅲ类水质。

（3）北台上水库 2014 年现状水质为Ⅳ类，低于 2012 年的现状Ⅲ类水质，未达到《北京市地表水功能区划方案》规划的Ⅲ类水质；2013 年、2015 年为Ⅲ类水质，与 2012 年水质类别相同，达到了《北京市地表水功能区划方案》规划的Ⅲ类水质；2016 年 1—6 月，有 4 个月为Ⅲ类水质，2 个月为Ⅱ类水质，均达到了《北京市地表水功能区划方案》规划的Ⅲ类水质。

## （三）饮用水水源地水质情况

### 1. 地表饮用水水质情况

2013—2016 年，怀柔区集中式地表饮用水水源地为怀柔水库（市级）。根据水质监测结果，怀柔水库 108 项评价指标中，2013 年 5 月总磷超标（超标 0.2 倍），其余月份各项指标均达标，与 2012 年相比水质保持稳定；2014 年各项指标均达标，水质保持稳定；2015 年水质符合国家饮用水水源地水质标准。

### 2. 地下饮用水水质情况

2013—2016 年，怀柔区境内实施水质监测的集中式地下饮用水水源地包括怀柔应急水源地（市级）和怀柔城区水厂水源地、雁栖经济开发区水厂水源地 2 个区级集中式地下饮用水水源地。

（1）怀柔应急水源地 2013 年有 2 项指标（总大肠菌群和细菌总数）超标；2014 年有 3 项指标（总大肠菌群、细菌总数和总α放射性）超标；2015 年监测结果尚未发布。

（2）怀柔区级地下饮用水水源地2013年、2014年均有1项指标（总大肠菌群）超标，2015年监测结果尚未发布。

## 三、水环境污染存在的主要问题

### （一）污水排放单位不达标对水环境的影响

各类排放污水企业追求经济效益，忽视环境效益和生态效益，工业发展中，水消耗量大、利用率低。不仅单位产值污水排放量大，而且守法意识不强，为减少运行成本，存在不正常运行污水处理设施、污水不达标排放现象，是造成水环境质量下降的主要原因之一。

### （二）旅游业的发展对河流水质的污染

随着怀柔区旅游业的快速发展，越来越多的民俗户建起了集餐饮、住宿为一体的农家院，大量的游客加大了本地生活污水排放量。据不完全统计，全区民俗旅游餐饮户1 000多家，而安装污水处理设施的比例并不高，部分农户安装的污水处理设施也未能达标运行。

随着旅游业的发展，河内存在直接围挡养鱼、垂钓的现象，污染河水水质。围挡养鱼、垂钓对水质的影响主要来源于鱼饵的大量投放和破坏了水体的流动性。垂钓园投放的鱼饵给河流带来了大量的营养物质，而围挡造成水体流动性减弱，降低了水体的自净能力，加剧了水体富营养化的风险。因此，旅游业的发展对河流质量造成了直接的影响。

### （三）村庄污水处理设施建设管理滞后

根据统计，怀柔区共计14个镇乡284个行政村，其中只有141个行政村建有污水处理设施，143 个行政村尚未建设污水处理设施。141 个行政村已建污水处理站共 243 处，其中 128 处已移交北京市排水集团运行，115 个未运行。未运行或已运行但设备老化、需要升级改造的共 126 处。在 143 个没有处理设施的行政村中，除 11 个非保留村（拆迁村、棚户区改造村等）和 4 个已有项目正在实施污水治理的村外，还有 128 个行政村需要治理污水。根据当前污水处理设施建设运行情况，已建的村级污水处理站根据抽测结果无法达到《北京市水污染物综合排放标准》（DB 11/307—2013）排放限值标准，村庄污水处理设施的不健全导致了河流的水质受到了污染。

### （四）养殖业污水排放对水环境的影响

畜禽养殖业对水环境的影响也是非常显著的，成年猪每日粪尿中的生化需氧量相当于人类的 13 倍，如此大量需氧腐败有机物不经处理流入水体，会造成严重的水环境污染，造成河水中五日生化需氧量、化学需氧量、悬浮物、氨氮、总磷、粪大肠菌群数等指标超标，并使水中硝酸根离子增加，以及造成水里氧含量下降。

怀柔区畜禽养殖业近年来发展速度很快，而畜禽产生的污水量大，且处理困难，且大部分畜禽养殖户没有按照规定建设污水处理设施，造成随意排放进入河流或地表，对河流水质和地下水质造成了一定影响。

### （五）拦水建筑物加大水质恶化

河道内过多的拦水建筑物存在两方面的水质恶化风险：

一是拦水建筑物改变了河流原有的水文条件，降低了壅水河段的流速，增加了河水的水力停留时间。河流发生富营养化的条件是水流流速小于 0.2 m/s，沿河各类截留堰、连拱闸等壅水区域，流速基本满足这个动力学条件。

二是拦水建筑物降低河水自净能力。正常河水流动时，拦水建筑物有曝气复氧的功能。水量较小，有溢流性质的拦水建筑物，带来的往往是水流壅堵、下游断流，很难有复氧功能。另外，拦水建筑物造成流速减慢，水体自净能力减弱。近年来，怀沙河天然水量减少，水容量较小，而河沿岸生活污水处理设施退水排放标准均高于II类水质，要求河流有一定的自净能力来降解多余的污染物，而拦水建筑物造成了河水自净能力降低。

### （六）农业面源污染对水质造成影响

农业种植施用农药、化肥对水环境造成污染，在农药污水中，一是有机质、植物营养物及病原微生物含量高；二是农药、化肥含量高。大量农药、化肥随表土流入河流，造成藻类以及其他生物过度繁殖，引起水体透明度和溶解氧的变化，从而导致水质恶化

### （七）多年来降水量较少，也是水质下降的原因

近年来，怀柔区气温逐渐升高，降雨量一直偏少，造成了河流的补水量减少，河流的自我净化能力下降，直接造成了水质的下降。

## 四、治理水环境污染的对策

根据怀柔区水环境质量的现状以及污染的主要原因分析，可采取如下对策：

### （一）加大农村污水处理设施建设力度

一是摸清底数。要对全区所有行政村、自然村情况进行全面的摸底调查，村庄所在的自然环境情况（平原区、山区、城镇区）、人员数量情况、污水产生情况，污水对周围环境的影响情况、污水管网建设情况、污水处理设施建设情况等做到全面了解掌握。二是做好规划。在调查摸底的基础上，要对全区不同类型的村庄采取不同的方式进行统筹规划，可按不同的需求分类，主要是分为必须建设的村庄、升级改造的村庄、入城区污水管网村庄、不必建设的村庄；也可按流域或轻重缓急进行分类；还可按水源保护区分类。总之，在不同分类的基础上做好全区的农村污水处理设施管网建设规划，分步实施，最后做到全治理、全覆盖、全达标排放。三是选好技术。污水处理技术也在随着科技的发展不断提高，各种各样的处理技术如何选择也是非常关键的问题，处理技术的好坏直接关系到污水处理的效果，同时也关系到设施运行维护保养和管理成本投入。因此，在农村污水处理建设过程中必须选择技术可行，处理效果好，建成后便于管理维护，使用方便，经济效益、社会效益较好的技术。四是统一建设。农村污水处理设施建设，必须要由水务部门统一组织，改变过去的多部门建设模式下只注重建设，不重视管理的历史。从目前的经验看，过去的污水处理设施根本没有发挥投入效益，停止使用、不正常运行、超标排放等现象较为普遍，造成了极大的浪费。

### （二）探索创新污水处理设施管理模式

怀柔区污水处理设施的管理模式过去比较单调，设施由政府多部门不同的资金来源进行建设，其中区级、乡镇级污水处理设施由政府主导管理，资金能保障，运行较好，村级污水处理设施由于资金、管理等多种原因，大部分的设施新建不长时间就停止运行，造成浪费。因此，必须改变污水处理设施管理运行的新模式，从建设、运行资金保障、日常管理、全面监督等方面进行探索，形成良好的运行模式，发挥真正的效益，起到改善水环境的作用。这需要：一是区政府做好统筹，明确部门职责。区政府要制定明确的污水处理设施建设管理总目标和要求。明确水务部门的建设职责，环保部门的监督职责，乡镇政府的属地职责等。二是做好运行管理的资金保障。资金不足是造成设施运行不正常的主要原因之一，除了用好市级财政支持的各类污水处理设施运行资金外，区级财政每年必须要做好预算，能保证全区所有设施运行的费用。三是加强对委托管理企业的监管。目前怀柔区的各级污水处理设施的运行管理基本上由北京排水集团在运行管理，但是，对管理运行的情况和协议执行情况没有形成制度式的、模式化的机制，当前机制比较弱化，不加强对其监管就达不到委托管理的目的。四是环保部门要加强日常执法检查。环保局执法监察工作必须要加强，对全区的污水处理设施的日常运行情况和排放情况进行检查，及时发现存在的问题，增加监督性监测的次数和力度，切实起到监管的作用，形成强大的压力，让管理单位不能存在侥幸心理，促使其不敢违法。

### （三）加强农业、养殖污染源治理

农业面源污染是造成水质变差的重要污染因素之一，农田施用化肥和农药，是造成农业污染的主要原因。所以农业部门应加大对乡镇及农民的科技培训和教育，让农民懂得如何合理的使用肥料及农药，合理施肥，既满足作物生长的需要又不过量，并且实施节水灌溉，减少化肥的流失；合理使用农药，严格按照农药用量施用，研发推广抗病、虫、草害的农药，倡导采用低毒、高效、低残留农药，开发推广和应用生物防治病虫害技术等。

畜禽养殖业的无序发展，对水环境的污染造成很大影响。全区应根据水污染防治工作需求，按照市水污染防治方案要求，严格落实划分全区畜禽养殖禁养区范围，不得以任何理由来推迟或变相保留养殖场，依法按时关闭或搬迁禁养区内养殖场（小区）。加强畜禽养殖场的管理，应禁止新建、扩建规模化畜禽养殖场，开展养殖小区有序退出工作。禁养区外保留的畜禽养殖要实施雨污分流，并配备粪便污水贮存、处理、利用设施。完成全区规模化猪场、牛场粪便污水处理，实现资源化利用。按规定时间达不到环境保护要求的养殖小区（场）必须强制关闭。

### （四）开展违规河道综合整治工作

一是拆除河道内的各类堤坝。河道中各类拦水建筑物均具有明显的阻水作用，改变了壅水河段的水动力条件，即减缓了河流水体流动速度，延长了水体停留时间，促进了藻类和漂浮植物的繁殖，降低了河流自净能力，建议拆除阻水效果明显且无特殊用途的拦水建筑物，减少河道内养殖造成的水污染，从而改善河道水体流动速度，保障河道的流畅性，提高水体自净能力。二是加强河道的管理力度。水务部门是河道管理的主责部门，要加大河道执法管理力度，对私建各类堤坝、违法进行水产养殖、私设排污口等行为要及时发现、及时纠正，不能让违法行为越来越严重，最后造成治理取缔的难度增加，而对水体造成的污染更严重。三是切实发挥“河长制”的作用。“河长制”是为了落实各级政府的属地责任，强化河流管理的有效机制；区政府已下发了文件，但是，由于种种原因，“河长制”的作用并没有得到有效的发挥，还停留在形式上、文件上，没起到多大的作用。这就需要加大问责的力度，同乡镇考核、职务晋升等联系起来，才能使乡镇一把手切实履行“河长”职责，管好属地河流水环境。

## （五）加强环境执法监察能力建设

一是提高监察执法人员的业务水平。业务能力的高低是环境监察执法的基础。要通过多种方式对现有执法人员进行培训，提高执法能力水平，适应新的法规要求。解决执法人员能力素质低，靠经验执法，不熟悉新的环保法规及配套政策的问题。二是提高监察执法人员的敬业精神。执法人员良好的敬业精神是做好环境执法监察的关键。没有一支好的执法队伍、好的敬业精神，要做好环境执法工作只能是空谈。因此，必须从管理、教育、制度等多方面入手，培养人员的敬业精神，把工作作为事业、担当、责任来做，只有这样才能把具体工作落在实处。三是提高监察执法力度。执法力度的大小，是检验环境执法是否到位的根本标准。环保部门需加强环境执法监察力度，按照《环境保护法》《水染防治法》《北京市水污染防治条例》等法律法规要求，认真履行法律许可的执法权，加强对民俗餐饮接待户、农村污水处理站、各类污水排放企业监察力度，发现超标排放、污水处理设施不正常运转的企业要依法进行高限处罚，并责令其改正违法行为。要求各级各类污水排放单位认真执行国家的法律法规要求，履行好排污单位的责任和义务，确保水环境质量。

## （六）引导全民参与增强守法意识

一是加强宣传教育，提高环保意识。加强环境保护教育宣传，充分利用传统媒体和新媒体平台，做好环保法规政策、环保知识、环保成就的宣传教育工作，加强环境时间和环境热点问题的舆论引导，提高全区居民环境科学素养和环保意识，鼓励流域村民使用无磷洗涤用品，减少污染物的排放。二是增强排污企业守法的主体意识。环保部门要充分利用一切手段和方法，对污水排放企业进行环境保护法规的宣传和教育工作，增强企业自觉守法的意识，让企业积极主动地做好环境保护工作，保障治污设施正常运行，做到污水达标排放。三是鼓励群众举报违法行为。充分借助电视、报纸、专刊、网站等载体广泛宣传新的法律法规，结合有奖举报等工作提高人民群众发现、举报水环境违法行为的积极性，营造齐抓共管的声势；加强对环境执法活动的宣传，既要宣传报道环境执法工作，曝光重大、典型违法案例，又要宣传环保工作较为突出的企业，通过“领跑者”激励机制鼓励节能减排先进企业，起到带动一片的效果。

水环境的质量直接关系到人民群众的身体健康，只要政府部门和广大人民团结一致，共同努力，相信怀柔的水会变得更好，环境的整体质量会不断提高，青山绿水的生态环境会让人民生活得更好。

# 以水为媒 扎实开展“五水共治”积极探索绿色发展新模式

浙江省丽水市环境保护局 虞伟铉

**摘 要**：丽水市始终坚持生态保护底线，不断优化水生态环境，并以水为媒，积极探索绿色发展新模式，主要包括：治污先行，提升绿色发展吸引力；点水成金，培育绿色发展增长极；以治促转，增强绿色发展持续性。

**关键词**：绿色发展 水生态环境 新模式

“绿色发展”是党的十八届五中全会提出的指导我国“十三五”时期发展甚至是更为长远发展的科学的发展理念和发展方式，是在传统发展基础上的一种模式创新，是建立在生态环境容量和资源承载力的约束条件下，将环境保护作为实现可持续发展重要支柱的一种新型发展模式。2017年5月27日，习近平总书记在中共中央政治局第四十一次集体学习时再次强调，要推动形成绿色发展方式和生活方式，为人民群众创造良好生产生活环境。

习近平总书记在浙江主政期间，曾八次调研丽水，对丽水优越的生态环境给予很高评价，指出“绿水青山就是金山银山，对丽水来说尤为如此”，并对丽水的绿色发展寄予厚望，强调“只要你们守住了这方净土，就守住了‘金饭碗’”。为此丽水市始终坚持生态保护底线，尤其是扎实开展“五水共治”，不断优化水生态环境，并以水为媒，积极探索绿色发展新模式，争当绿色发展的探路者、模范生。

## 一、治污先行，提升绿色发展吸引力

水是生态资源重要的组成部分，丽水市正是因水而美、因水而兴。2013 年年底，浙江省委、省政府吹响“五水共治”——治污水、防洪水、排涝水、保供水、抓节水冲锋号。丽水市积极响应、抓住机遇、顺势而为、重拳治污，进一步优化水环境质量，提升绿色发展吸引力。

### （一）河长领衔，整治净化城区内河

河流之于城市，犹如血液之于人体。内河治理的“欠账”正成为许多城市无法回避的痛，以“生态优良”著称的浙江丽水也未能例外，贯穿其城区历史的长河丽阳坑和好溪堰，曾一度黑臭难掩，成为丽水治水难啃的“硬骨头”。为此，丽水市以“五水共治”为契机，以全面深化落实“河长制”为抓手，市委书记、市长冲上一线，分别担任丽阳坑和好溪堰的河长，挑起治理内河的重担。

（1）问诊病因。水环境污染，问题在水里，但源头在岸上。问诊丽阳坑和好溪堰，症结主要在于城区部分老小区截污纳管没有全部到位，沿线商家店铺雨污混排情况时有发生以及河床污泥长期积累。此外，市民的生活习惯还没有得到有效转变。

（2）综合施策。主要是“截治清修”四字法，“截”是截污纳管，对沿线城中村的污水网管进行彻底排查，逐一建设或改造。从 2013 年开始，

丽阳坑已相继完成灯塔村、城西村、城北村、丽光村4个城中村的网管改造，从源头上整治雨污混流问题；好溪堰已经完成城中村老小区改造15个。“治”是违法治理，对沿线餐饮、宾馆、商铺等的偷排、漏排、直排等违法行为进行严厉整治，一经发现顶格处罚。“清”是污泥清理，对河道污泥进行彻底清理，净化河床。“修”是生态修复，通过放养鱼苗、绿化河岸、生态配水等方式，提升河道自我修复和净化能力。

经过3年多的治理，丽阳坑和好溪堰分别完成投资11.3亿元和13.2亿元，水质已经全面提升，彻底消除了劣Ⅴ类水质，昔日的“龙须沟”，已蜕变为景观河、示范河、民心河。沿河居民打开了关闭近20年的窗户，两位河长也成为全市的治水典范。

### （二）整体提升，全境剿灭劣Ⅴ类水

内河治理好了，市域范围内的小河、小溪、小池塘也不能有黑臭，2017年，丽水市开展了全境剿灭劣Ⅴ类水专项行动，荡涤污泥浊水。

（1）无死角、全覆盖排查。重点针对农村的小沟小渠和主要河道分支，组织市、县、乡、村四级河长，动员基层党员干部和村民，对全市所有水体进行细致排查，同时组建人大代表、政协委员监督组对排查结果进行三轮复查，确保无遗漏，最终全市共排查出需进一步整治的水体2 349处。这些水体虽小，但就如细微的斑点一样影响全局的美观。

（2）清单式、挂销号剿灭。根据排查结果，将每一处需整治的水体分县、乡、村三级在地图上标注明示，制定市、县、乡、村四级剿劣方案，一点一策，实行挂图作战。建立水体清单、成因清单、项目清单、销号清单。根据污染原因，多措并举，开展截污纳管、河道清淤、工业整治、农业农村面源治理、排放口整治、生态配水与修复“六大工程”，明确时间节点，建立进度周报制度和挂销号制度，将剿劣工作纳入各级

政府综合考核，严格督查，治理完成一处、销号保结一处，目前2 349处水体已完成整治，全境所有水体基本都保持在Ⅲ类及以上水质。

通过不遗余力的污水治理，丽水的水环境质量已连续3年位居浙江省全省第一：96个监测断面中Ⅰ～Ⅲ类水质95个，占比98.96%；Ⅰ类、Ⅱ类水质89个，占比92.7%；28个省控监测断面均达到Ⅲ类及以上水质，达标率100%；县以上集中式饮用水水源地水质达标率100%。这为绿色发展打下了坚实的生态基础。

## 二、点水成金，培育绿色发展增长极

随着经济社会的不断发展，优质的水资源正逐渐成为一种稀缺资源，丽水市在保护提升的基础上，更注重合理的开发利用，点水成金，依托水质优势大力发展现代生态农业和生态旅游业，培育绿色发展增长极。

### （一）筑巢引凤，全力开展生态招商

一江清水引来了一大批浙商回归，“五水共治”三年来，丽水市“三产”项目合同引资总金额达583.2亿元。如四川科伦药业股份被龙泉山的优质水源吸引，落户龙泉，带来10多亿元投资；上海华服集团计划投资5亿元，将青田县祯旺源打造成浙西南地区的高端养生养老基地、长三角地区的知名度假胜地和国家4A级旅游区；缙云县也接连签订了高端养生养老、高档花卉生产基地、植物纤维电池等总投资额达85亿元的项目投资框架协议。在积极招徕投资的同时，在招商引资方面也提高了门槛，打造“195”生态产业体系（即优先发展生态旅游业，重点培育高端装备、节能环保、健康、文化、生物医药、新材料、绿色能源、生态精品农业、信息经济9大百亿元产业，积极拓展民宿经济、机器人、电

子商务、时尚革制品、矿产精加工5大新增长点产业），限制高污染、高能耗的企业进入，拒绝黑色投资。近三年来，仅环保审批否决掉的投资项目就达137个，拒绝了近220亿元的高污染投资项目。

### （二）农旅融合，打造美丽乡村经济

以优质的水资源，大力发展绿色精品现代农业和乡村旅游业，打造了“丽水山耕”、生态旅游“秀山丽水”等区域品牌。“丽水山耕”品牌已入选“2016中国十大社会治理创新奖”，目前已有“缙云黄茶”“云和雪梨”“松阳香茶”“庆元香菇”“遂昌山珍”“处州白莲”等多个系列，全市合作使用“丽水山耕”品牌农产品已达83个，销售收入10.3亿元。生态旅游“秀山丽水”品牌，已经遍及9个县（市、区），各地“水景”林立，其中以缙云县的“笕川花海”最为突出，笕川村借“治水”之势，紧扣“水、花、文”三大核心，从村民手中流转500多亩土地，走“村里投资、村里经营管理”的集体经济发展之路，从传统的种养殖业华丽升级为农旅结合、“三产”融合的“花花世界”，以全国首创的“花海+小火车+×”模式成为缙云向外界展示的生态幸福客厅。自笕川花海开园以来，累计接待游客280多万人次，实现门票收入1 100多万元，带动餐饮及农产品销售额达800多万元，惠及全村80%以上的百姓。

## 三、以治促转，增强绿色发展持续性

丽水市始终紧扣转型升级主题，以“五水共治”为重要组合拳，强化重点行业整治，淘汰落后产能，大力发展生态工业，不断优化“三产”结构，增强绿色发展可持续性。

### （一）壮士断腕，优化产业结构

坚决不要黑色 GDP，市委、市政府提出“工业园区外基本无工业，园区之内无非生态工业”目标。大力开展重污染、高耗能行业整治提升，治水三年来，完成重点行业整治企业 75 家，改造提升工业园 22 个，关停造纸、印染、化工、不锈钢、阀门铸造等污染企业 163 家，整治低小散企业 3 006 家，淘汰落后产能涉及企业 283 家，共计主动挤出黑色 GDP 600 亿元。与此同时，在“点水成金”的推动下，现代农业和生态旅游业不断壮大，近三年来，现代农业增加值占 GDP 的比重为 16.20%、16.41%、16.46%，全域旅游产业增加值占 GDP 比重为 16.3%、16.0%、16.6%，均呈逐年递增趋势。到 2016 年年底，丽水市三大产业结构从 9.1∶49.8∶41.1 调整到 8.0∶44.7∶47.3，实现了“二三一”到“三二一”的历史性转变。结构的不断优化，使绿色发展的持续性趋势更为明朗。

### （二）高压监管，转变生产方式

以打造最严环境执法城市为目标，严格执行新《环境保护法》和“五个一律”。建立了以“亮剑”系列专项执法行动、环保专项执法月行动、环保百日执法专项行动、不定期突击检查等为主要载体的常态化环保监管机制，对环境违法行为采取零容忍态度，严厉打击。近三年来，全市共出动各类环保执法人员 91 191 人次，排查排污单位 32 061 家次，责令停产、限产企业家数 389 家，责令限期改正或限期治理企业 1 589 家，关停取缔企业 3 687 家，行政处罚案件 762 件，行政处罚 1 560.3 万元，移交公安机关案件 106 件，行政拘留 183 人，刑事拘留 96 人。在持续的高压监管态势下，环保意识已深入人心，粗放式的生产方式逐渐被改变，企业更加注重设备改造和技术研发。

在三年的“以水为媒”探索绿色发展模式的道路中，丽水大地上正发生着凤凰涅槃式的蜕变。天蓝、水清、山绿、地净的“秀山丽水”正唱着绿色发展的主旋律，“绿水青山就是金山银山”的“两山”转化通道正在逐渐被打开，丽水即将迎来一次绿色的发展跨越。

# 济源市餐饮业油烟污染现状与治理对策

河南省济源市环境保护局　解会军

**摘　要**：餐饮业油烟污染问题越来越成为城市环境治理的短板，严重影响广大市民正常的生活，是环境信访问题的热点和难点。为摸清济源市餐饮业油烟污染现状和查明问题根源，进而使问题得到有效解决，本文对济源市餐饮业油烟污染现状问题进行了认真调查，深入分析了产生问题的原因，并有针对性地提出了治理餐饮业油烟污染的对策与措施。

**关键词**：油烟污染　油烟治理　监管办法

## 一、济源市餐饮业油烟污染现状

济源市位于黄河北岸，北隔太行山与山西晋城相接，西临王屋山，南临洛阳，东接焦作，是一个新兴工业城市。2015 年全市生产总值为 494.41 亿元，其中第二产业生产总值为 330.93 亿元，占总量的 66.93%，与 2010 年相比生产总值增加了 44.78%。济源市域面积为 1 931 $km^2$，人口 72 万人，城市规划区面积 50 $km^2$，建成区面积 35 $km^2$，餐饮业多分布在周园路，济渎路、沁园路、北街、河合餐饮一条街等也是餐饮业较为集中的地区。目前全市有 2 900 多家餐饮业，其中中小餐饮企业占 85%

以上。

近年来，随着经济社会的快速发展，人民生活水平的不断提高，济源市餐饮业如雨后春笋，大酒店、快食店、小吃店、便民店、饮食摊群和露天烧烤等随处可见，它在推动城市经济发展的同时，也给环境造成了污染。由于大多餐饮业缺少合理的规划，分布点多面广，其中多数建在居民楼下及居民生活区，造成居住和商用混合的状况。在沿街居民楼下开饭店的现象在济源市区非常普遍，如周园路一家挨着一家的饭店全部在居民楼下，楼上居民一直反映强烈，成为居民环境投诉的热点。近年来，市环保局"12369"环保热线接到群众餐饮业油烟环境信访问题呈逐年上升趋势，占到了处理全市举报电话的1/3以上。虽然市环保局要求其限期整改，饭店也采取了重新布置排烟通道、上油烟治理设施、改用清洁能源等措施，但一直不能彻底解决油烟扰民问题，成为周园路油烟扰民问题一条街。

## 二、造成餐饮业污染问题的原因分析

### （一）相关行政法规缺失

长期以来，由于缺乏有效规范餐饮服务业发展的法律法规，造成环境执法部门对餐饮业的管理缺乏法律依据，一度造成餐饮业发展随意、失控的局面，对以后的环境管理带来困难。

### （二）历史遗留问题多

20世纪90年代初期，个体经济迅猛发展，大量的小餐饮业开在居民楼下并长期存在。这些大量的小型餐饮企业营业环境脏、乱、差，污染周边居民的生活环境，治理起来非常难。这种状况成为较为棘手的历史遗留问题，难以从根本上规范整治。

### （三）建设规划不合理

在城市建设整体布局中，缺乏对餐饮业用房的专业规划，众多餐饮业主选择在商住楼下的沿街门面房开饭店，且常常是装修营业后再来申报环保审批手续，而按照餐饮业的管理规定，环保部门不能同意审批。

### （四）环保治理设备缺失、欠维护

餐饮服务业项目必须安装与其经营规模相匹配的油烟、水污染处理设施。但许多饭店投资不大，而安装这些设备从 1 万元到 10 万元不等，许多经营业主都不愿意投资安装整治，造成污染物直排，对周围居民生活环境造成影响。部分已安装治理设备的餐饮企业在使用过程中，不注重定期清理、维护与保养，设备老化、排烟管道破损、隔油除渣池清理不及时的问题较为普遍，不能有效发挥环保治理设施的功能。

### （五）缺乏有力执法手段

环保部门对餐饮业环境违法行为只能进行行政处罚、限期整改，没有关闭、搬迁等法律强制措施，因此对一些长期扰民、治理无望的餐饮行业也束手无策。

### （六）环保意识淡薄

多数餐饮业经营业主对开办餐饮业的相关环保要求知之甚少，部分餐饮业主注重效益、轻环保，法律观念、社会责任意识淡漠。

## 三、解决餐饮业污染问题的建议

### （一）法规先行，治理餐饮业污染做到有法可依

由于餐饮业产生的油烟无控排放，对周围环境造成了极大的危害，从而危及我们人类的生命健康。为此，1995 年，国家环保局和国家工商管理局联合发出了《关于加强饮食娱乐服务业环境管理的通知》。并于 2000 年 7 月 1 日，又颁布了《餐饮业油烟排放标准》（GB 18483—2001），规定饮食业单位必须安装油烟净化设备并达到规定的排放要求。为进一步健全餐饮企业的监管，国家环保总局又于 2000 年 9 月 30 日下发了《关于加强饮食业油烟污染防治监督管理的通知》（环发〔2000〕191 号），要求各省辖市环保部门要结合实际情况参照制定出台本地区餐饮服务业油烟、噪声污染治理方案，并报本地人民政府批准施行。

### （二）展开调查，有效开展餐饮业油烟排放治理与监测工作

环保部门要积极联合工商、食药监、住建、公安等相关职能部门摸清济源市现有饮食业的数量、规模、分布以及油烟处理情况，有效开展饮食业油烟排放治理与监测工作。

### （三）合理规划，有效避免餐饮业的选址误区

对新建、改建、扩建、转产及租赁经营的饮食企业，应按国家规定先经环保部门及相关行政管理部门审批后，工商部门方可办理营业执照，并严格执行环保“三同时”制度，按各项环保法律、法规严格管理，达标排放。凡违规新建和污染扰民拒不治理的饮食企业，将严肃查处，并

商请工商部门吊销其营业执照，直至关停；成立由环保、工商、住建、食药监、公安等部门联合执法组，对不具备经营条件或无证经营且污染严重扰民又有固定门点的饮食单位，依据《中华人民共和国行政许可法》和《无照经营取缔办法》（国务院第 370 号令），予以取缔或要求其转项经营，消除油烟污染。

### （四）加强引导，鼓励餐饮业业主积极安装油烟治理设施

组织业务能手，去重庆、南京、杭州、广州等兄弟城市考察调研其治理餐饮业环保设备市场安装及维护的先进经验及方法，规范餐饮业环保治理设备的安装销售单位。要积极引导小型餐饮业的环保设施价格回归到企业能够接受的范围内，只有有效降低餐饮企业污染治理成本，才能提高餐饮业主安装污染治理设施的积极性。

### （五）加强宣传，提高餐饮业主环保意识

要通过报纸、电视、广播、网络、微信等媒体加强对餐饮经营业主相关餐饮业环保法规的宣传，让餐饮企业业主了解诸如饭店应先报批后装修营业、居民楼下严禁开饭店、在有条件的地段燃煤灶改为燃气灶，劣质煤改优质煤，减少污染物排放等环保要求，有效提高餐饮业主的环保意识，提高其自觉关心环境、保护环境的意识，从根本上解决餐饮企业的油烟污染问题。

# 从九洲江流域治理探索跨地区小流域生态补偿机制的再完善

广西壮族自治区玉林市环境保护局　蔡　明

**摘　要：** 本文通过全面梳理回顾被列为全国三个跨地区生态补偿试点之一的九洲江流域近年来治理的成效、做法和遇到的问题，管窥全国跨地区小流域横向生态补偿机制建立完善过程中存在的问题，探索并提出进一步健全完善跨地区小流域生态补偿体制机制的措施和建议，供全国跨省界小流域治理工作者借鉴、参考。

**关键词：** 九洲江　跨省界小流域　生态补偿机制　再完善

2015年9月，党的中央、国务院印发《生态文明体制改革总体方案》，将九洲江流域列为全国三个跨地区生态补偿试点之一，提出要“完善生态保护成效与资金分配挂钩的激励约束机制”。九洲江发源于广西玉林市陆川县，流经玉林市博白县，在广东湛江市汇入鹤地水库，最后注入北部湾，全长162 km，是广西玉林和广东湛江两市沿线人民的母亲河。由于历史发展过程中严重的养殖、生活、工业污染和无序的河道管理，九洲江跨省界断面水质一度下降为Ⅴ类，给下游的鹤地水库带来安全隐患。经过近几年的集中整治，九洲江跨省界考核断面水质明显改善。九洲江流域治理的先行实践为全国跨地区流域治理树立了建立生态补偿机制的典范，其遇到的一些亟待解决的困难和问题，也值得深入探讨。

## 一、九洲江流域治理的主要成效

### （一）流域水质得到改善

监测数据显示，九洲江水质近年来呈持续改善的趋势，两广跨省区考核断面石角监测断面水质明显改善，2014 年、2015 年、2016 年三年达标的月数分别为 7 个月、9 个月、11 个月。2015 年、2016 年顺利完成了广东、广西两省区签订的《九洲江流域上下游横向生态补偿协议》规定的达标任务。2017 年 1—5 月监测数据显示，石角监测断面水质每月均达地表水Ⅲ类标准，个别时段甚至达地表水Ⅱ类标准。

### （二）整治资金得到保障

九洲江流域被列为《生态文明体制改革总体方案》中全国三个跨地区生态补偿试点之一后，在原环境保护部的指导下，粤桂两省区分别于 2014 年 8 月 6 日和 2016 年 3 月 21 日签订了《九洲江流域跨界水环境保护合作协议》和《九洲江流域上下游横向生态补偿协议》。2016 年 6 月 16 日，财政部、原环境保护部下达了《财政部　环境保护部关于下达 2016 年排污费资金预算（第一批）的通知》（财建〔2016〕458 号）生态补偿奖励资金，资金总额共 6 亿元。广东、广西各出资 3 亿元，共 12 亿元，加上地方各级部门和单位投入的治理资金 3.2 亿元，九洲江流域治理累计投入资金 15.2 亿元，投入机制得到保障。

### （三）长效机制得到健全

（1）建立“六个同一”联合监测机制。2016年5月开始，每月上旬，玉林市环境监测站与湛江市环境监测站开展“六个同一”监测工作，即同一时间、同一采样地点、同一化验室、同一分析方法、同一仪器、同一药品。两市的监测人员同时在两省区考核断面处同时采样后，轮流到对方的实验室，使用同一仪器和药品进行监测。这一监测方法得到了中国环境监测总站的肯定，玉林市监测人员在华南片区五省市环境监测工作研讨会上做了发言。

（2）建立玉林、湛江两市合作联席会议机制。玉林、湛江两市市长每半年召开一次会议，研究合作重要事项，协调解决流域联防联治的有关问题。目前玉林市与湛江市领导已召开两次联席会议。签订《湛江玉林两市跨界流域水污染联防联治合作框架协议》，全面开展桂粤联手治理九洲江和鹤地水库水污染工作。

## 二、近年来九洲江流域治理的主要做法

### （一）加强领导，高位推进，确保九洲江流域整治工作扎实有效开展

2013年8月，粤桂两省区党委书记胡春华、彭清华聚首九洲江，做出联手整治九洲江—鹤地水库环境污染的决定。广西壮族自治区党委、政府领导高度重视九洲江治理工作，2013年以来，自治区党委书记彭清华、主席陈武等自治区12位部级领导多次到九洲江流域开展专题调研，指导九洲江流域水环境污染治理工作。广西壮族自治区环境保护厅也给予了

大力支持和精心指导，檀庆瑞厅长等厅领导以及各有关处室领导也多次深入现场调研指导，在农村环境连片整治、基层环保能力建设等方面给予项目和资金上的倾斜，极大地推动了九洲江流域治理工作的深入开展。

自开展九洲江流域综合治理工作以来，玉林市市委、市政府高度重视，把九洲江水环境综合治理工作当作玉林市促发展、调结构、转方式的重要机遇来抓，列入重要议事日程，书记、市长亲自抓，多次召开市委常委会和政府常务会，专题研究九洲江污染治理工作，及时召开九洲江流域治理工作推进会，形成政府主导、科学规划、统筹推进、突出重点、集中整治、建立机制、长效管理的工作机制。2016 年 5 月，玉林市成立了玉林市环境保护委员会，召开第一次环境保护委员会会议，要求各级各部门统一思想、提高认识、强化责任、强化督查、强化问责，把思想和行动统一到市委、市政府和市环境保护委员会的决策部署上来。玉林市各级各部门结合“三个年一活动”工作部署，建立“河长制”，实行流域与属地管理结合，确定市、县、镇、村四级河长，河长由当地政府的一把手担任，明确各级河长职责，把治理责任层层压实。

### （二）抓住重点，标本兼治，确保九洲江流域跨省界考核断面水质稳定达标

粤桂两省区深入贯彻落实国务院“水十条”和“河长制”要求，坚持防治结合、标本兼治，联合编制《九洲江—鹤地水库流域生态环境保护总体方案（2014—2017 年）》，签署了《九洲江流域水环境综合治理规划编制备忘录》，抓住养殖、生活、工业“三污水”治理重点，打好“拆、推、建、管、引、补”组合拳，以问题整治倒逼绿色发展，确保九洲江流域跨省界考核断面水质稳定达地表水Ⅲ类标准。

（1）拆。推进禁养区养殖场清拆。划定九洲江干流和重要支流沿岸

200 m为禁养区，坚决清理拆除禁养区内10头以上的生猪养殖场。累计清拆猪场2 132家，清拆猪舍面积67.67万$m^2$，清理生猪36.58万头，补偿金额2.18亿元。

（2）推。推广“高架网床”生态养殖模式。划定九洲江流域干流和重要支流沿岸200～1 000 m为限养区，在限养区内大力推广生态养殖，完成推广“高架网床”生态养殖320家规模养殖场，生态养殖改造累计规模达20.6万头生猪（存栏量），2017年完成239家养殖场“高架网床”改造。

（3）建。推进污垃处理设施建设。在九洲江流域重点乡镇建成10个乡镇污水处理厂和8个垃圾转运站并验收运行。实施污水处理厂市场化运作，由第三方运营商一体化运营。加快推进九洲江流域27个村级污水处理项目建设，已完成14个现场详细勘测，开工建设4个。

（4）管。加强流域企业环境监管。2014年开始，玉林市实行自我区域限批，在九洲江流域玉林段内原则上不再新建工业园区，不再新建、改建、扩建工业涉水涉重项目，退回18个涉水项目的审批申请，对16家涉水工业企业进行“一厂一案”污染治理，对博白县文地工业园内27家企业进行全面停产排查和整顿，依法处理18家，查封2家，移送公安机关查处1家。

（5）引。引导转变生产生活方式。编制《2014—2020年九洲江旅游规划》，规划打造九洲江生态农业观光旅游区。推进病死畜禽无害化处理和有机肥加工项目建设，广西博世科固体废弃物制备天然气综合利用项目一期已开始试产。引导传统养殖业向特色高效种植业发展，陆川县规划建设中药材专属区，计划发展20万亩中草药种植，其中种植橘红8万亩，目前已种植5万亩。同时引导企业退江入园，向龙港新区集聚发展，推动九洲江沿线产业转型升级。

（6）补。推进生态补水工程建设。在九洲江上游陆川县建设生态补水工程，建设秦镜、六潘、陆选、石硖4座水库，在枯水期时对九洲江进行生态补水。目前秦镜水库放线已完成，总面积1 630亩，入水库公路征地工作基本完成。

### （三）加强监管，联合执法，保持环境违法行为打击高压态势

近年来，基于河道采砂的市场暴利，九洲江重点河段非法采砂现象非常猖獗，跟执法人员玩起猫捉老鼠的“游击战”，打东藏西，打西藏东，给环境执法造成极大困难。针对此情况，粤桂两省区组织水利、交通、国土、环保、公安等部门开展两省区两市三县大规模联合执法，对非法采砂行为及势力予以沉重的打击。2016年以来，两省区共计联合执法41次，每次出动50～400人次不等，动用执法船、冲锋舟、快艇、钩机等必要执法装备360多辆（套），严厉打击整治180多家非法采砂场所，夷平摧毁砂池160多座（处），捣毁拆除采砂船、抽砂管、柴油机、漏砂台、砂斗砂筛、铲车、输电线路及工棚砂池等一大批非法采砂设备设施，保持对河道非法采砂行为高压打击态势，让非法采砂分子无处遁形，九洲江河道生态得到休养生息。

## 三、九洲江流域治理生态补偿工作遇到的主要问题

### （一）治理规划体系编制不及时、不完善

作为九洲江流域水环境治理“指南针”和“蓝图”的《粤桂两省区九洲江流域水污染防治规划》未及时审批出台，导致治理资金缺乏依据。正在报批的《粤桂两省区九洲江流域水污染防治规划》规划实施9大类

169个项目，需投入35.5亿元，资金缺口大。

### （二）第二轮生态补偿协议急需签订

2016年3月21日签订的《九洲江流域上下游横向生态补偿协议》只对2015—2017年九洲江治理的生态补偿进行了协议，如果缺乏第二轮协议支撑，下一轮九洲江的治理工作将面临诸多难题。

### （三）偏重治标，治本任务艰巨

目前九洲江流域治理的出发点和落脚点放在跨省界考核断面水质达标上，取得了一定的成效，但是一些长期存在的深层次问题还没有得到根本性解决，如九洲江重点支流水质尚未得到明显改善，畜禽养殖污染防治任务依然艰巨，非法采砂现象依然存在，生活和工业污水处理设施建设滞后等，还需要下大气力去解决。

### （四）横向补偿方式较单一，还处在探索阶段

目前广西、广东虽然签订了《九洲江流域上下游横向生态补偿协议》，但是补偿方式还比较单一，主要是资金补偿，目前在对口协作、共建园区方面也做了一些探索，但成效还不是很明显。

### （五）补偿协议水质考核断面监测结果存在分歧

2016年2月，玉林市、湛江市还未开展“六个同一”监测，监测结果不一致，产生分歧，经原环境保护部规财司召开协调会才达成一致意见。2016年九洲江跨省界考核断面水质浓度年均值达标，但高锰酸盐指数比2015年升高，财政部为此拟扣减广西九洲江2016年度生态补偿奖励资金。

## 四、进一步健全完善跨地区生态补偿机制

建立健全跨地区流域生态补偿机制正处于大有可为的探索阶段。从九洲江流域治理的实践看，正如《国务院办公厅关于健全生态保护补偿机制的意见》（国办发〔2016〕31 号）所指出的“总体上看，生态保护补偿的范围仍然偏小、标准偏低，保护者和受益者良性互动的体制机制尚不完善”，跨地区生态补偿机制还需从以下几个方面进行探索完善：

### （一）及时出台完善的治理规划体系

及时编制出台系统完善的流域治理规划，既有利于为包装治理“项目库”争取治理资金，又有利于为治理资金的使用提供合理依据。

### （二）建立长效补偿机制，提前谋划签订下一轮生态补偿协议

跨地区流域环境问题的形成并非“一日之寒”，要解决好并持续改善水质不可能一蹴而就，需要长期坚持，投入大量的人力、物力，在增强保护者自身“造血功能”的同时，还需要受益者持续提供“输血”帮助，必须建立生态补偿协议长效机制，长远谋划，分期签订协议。

### （三）既要治标，更要加强治本

在统筹分配使用治理资金时，不仅要把项目资金放在立竿见影的治标上，更要发挥流域治理资金的引导、撬动和孵化作用，着眼于推动流域转型发展的角度，推动企业进园区、养殖集中治理、改善重点支流水质、加强生活和工业污水处理设施建设，吸引一批环保企业，既解决保护的问题，又考虑发展的问题。

### （四）建立多元化横向补偿关系，探索多种形式的补偿方式

在产业扶持、技术援助、人才支持、就业培训、对口协作等补偿方式上下功夫，避免横向生态补偿陷入“知易行难”的困局，开发地区、受益地区与生态保护地区、流域上游地区与下游地区之间应探索建立有效的协商平台和机制。

### （五）建立健全考核断面联合监测协商机制，加强沟通协调，采用科学合理的监测方法，最大限度消除水质考核分歧

目前玉林市、湛江市创新开展的“六个同一”监测法，在很大程度上降低了监测结果产生的分歧，值得进一步优化推广。各地在开展跨地区流域治理生态补偿工作中应加强沟通协调，及时消除误会、误差。

## 参考文献


[1] 中共中央，国务院. 生态文明体制改革总体方案. 国务院公报（2015年第28号）.

[2] 国务院办公厅关于健全生态保护补偿机制的意见（国办发〔2016〕31号）.

[3] 九洲江—鹤地水库流域生态环境保护总体方案（2014—2017年）.

[4] 广西壮族自治区环境保护厅. 广西九洲江流域水资源保护与水污染防治规划（2013—2020年）.

[5] 九洲江流域跨界水环境保护合作协议.

[6] 九洲江流域上下游横向生态补偿协议.

# 坚持绿色发展 提升城市品质

## ——长沙市生态建设与环境保护的实践与思考

湖南省长沙市环境保护局 潘胜强

**摘 要**：环境问题是重要的民生问题。党的十八大以来，生态文明理念深入人心，环境保护合力日益强化。长沙市深入贯彻习近平总书记关于生态文明建设系列重要讲话精神，大力践行新发展理念，通过增加植被覆盖率、合理拓展区域环境容量、优化空间结构、绿色发展、构建问责责任体系，深入开展“清霾”“碧水”“静音”“净土”等专项行动，全面提升城乡环境质量严格监管，创新改革，完善体制机制，从强化绿色发展自觉性，严格环境管理准入机制，严格监管执法约束等多方面推进环境保护。

**关键词**：区域环境容量 问责责任体系 优化空间结构 生态红线 体制改革

环境问题是人类社会面临的共同问题，是发展过程中必须破解的现实问题，是与我们每个人生活息息相关的民生问题。保护自然环境就是保护人类，建设生态文明就是造福人类。党的十八大以来，以习近平同志为核心的党中央遵循发展规律，顺应人民期待，担当历史责任，将建设生态文明、推进绿色发展视为关系人民福祉、关乎民族未来的长远大计，融入治国理政宏伟蓝图，做出顶层设计和全面部署，实行最严格的环境保护制度和环境保护法治，生态文明理念深入人心，环境保护合力日益强化。近年来，长沙市深入贯彻习近平总书记关于生态文明建设系列重要讲话精神，大力践行新发展理念，以大爱保护环境，以铁腕治理污染，强力推进绿色发展和生态文明建设，人民群众的环境获得感稳步提升，品质长沙的绿色风貌逐渐彰显。

## 一、抓质量，促改善，全面提升城乡环境品质

### （一）全市环境质量持续改善

2016年空气质量天数267天，优良率73.0%，相比2013年增加70天，优良率提升近21个百分点；城镇集中式饮用水水源地水质达标率、市级交界断面水质达标率均达100%，湘江长沙段出境断面水质稳定达到Ⅲ类，浏阳河城区段水质基本消除劣Ⅴ类，全市上下共造一片蓝天，共护一泓碧水，共守一方净土，共享一份宁静。

### （二）城乡生态环境更显品质

人均绿地面积由2012年年底的8.9 $m^2$上升到10.8 $m^2$，增长21.35%；建成区园林绿地面积由2012年年底的9 293 $hm^2$上升到10 586 $hm^2$，增长13.9%；绿化覆盖率由2012年年底的37.98%上升到40.33%，长沙成为青山为屏、绿水穿城、环境秀美的宜居福地，成为全国唯一被联合国人居环境署评为全球绿色城市的省会城市。

### （三）区域环境容量合理拓展

超额完成国家下达的“十二五”减排目标任务，2016 年二氧化硫、氮氧化物、化学需氧量、氨氮排放总量较 2013 年分别下降 16.69%、7.10%、14.41%、8.25%。“十二五”期间全市单位 GDP 能耗累计下降超过 20%，单位 GDP 建设用地消耗量下降 37.92%，节地更有功效，节能更加高效，为全市经济社会又好又快发展提供了更大的环境容量和更广阔的发展空间。

## 二、抓攻坚，补短板，强力实施环境治理工程

### （一）优空间调结构，让绿色发展见之于行

优化城市空间结构，将生态控制线规划纳入城市总体规划，率先导入“反规划”理念建设湖南湘江新区，新区战略规划环评被原环境保护部列为全国首个“两型”社会综合配套规划环评试点项目。优化区域产业结构，实行分类退出、政策引导、经济补偿，关停“两高”企业和“五小”企业，坪塘老工业基地 21 家污染企业全面关闭退出，成为全国“两高”产业区域整体退出样板。优化能源消费结构，推广清洁能源，基本完成城区三环线内清洁能源改烧工作，集中推广新能源发电、脱硫脱硝、“城市矿产”再利用等十大清洁低碳技术，实施项目 300 多个，居省会城市前列。

### （二）明责任强落实，让齐抓共管成为常态

坚决贯彻习近平总书记“金山银山就是绿水青山”等指示精神，强

化顶层设计，编制《长沙市环境保护中长期规划（2015—2030年）》，成立市生态环境保护委员会，印发《关于进一步加强生态环境保护工作的意见》《长沙市环境保护工作责任规定（试行）》，把“党政同责”“一岗双责”具体化，形成了“党委领导、政府负责、人大和政协监督、部门齐抓共管、全社会共同参与”的环保工作大格局。将生态环境保护责任落实情况纳入全市年度绩效考核重要内容，制定实施《长沙市较大环境问题（事件）责任追究办法（试行）》，初步构建了分解明责、监督履责、追责问责的责任体系。

### （三）动真格求实效，让污染治理更加精准

牢固树立“对生态环境怎么重视都不过分、对治理环境怎么都不过度”的决心，连续滚动实施三轮“环保三年行动计划”，深入开展“清霾”“碧水”“静音”“净土”等专项行动。2013年以来，实施大气污染重点治理项目183个，淘汰黄标车和老旧车12.2万多辆。强力推进湘江保护与治理“一号重点工程”，治理“一江六河”流域和城区黑臭水体，完成主城区42 km截污干管建设和101个排污口截污整治，已建成城区污水处理厂11个，日处理能力163万t，建成乡镇污水处理厂82座，污水处理率96.9%。完成450余个行政村的环境综合整治，“政府主导、村民自治、城乡统筹、科学发展”的农村环境综合整治“长沙模式”，得到生态环境部的肯定。

### （四）强法治严监管，让安全防线更加牢固

完善监管监测体系，出台《长沙市湘江流域水污染防治条例》等法规文件，强化监管法律制度保障。加强环境监测网络体系建设，覆盖九区县（市）大气、水、土壤等主要环境要素的监测网络初步建成，为环

境污染治理提供有效的大数据支撑。加大执法检查力度，开展环保违规建设项目清理整治，2016 年清理并上报环境保护部违规建设项目 16 749 个，占全省总数近 1/3，工作方式和成果得到环境保护部的肯定。2013—2016 年立案查处 598 件、处罚 1 902 万元。着力防范环境风险，出台《长沙市突发环境事件应急预案》，及时解决群众反映强烈的环境信访问题，2014 年以来市本级累计接到信访和举报投诉案件 1 900 余起，案件办结率 100%，未发生较大及以上环境污染事件、邻避事件。

### （五）抓创新促改革，让体制机制更加完善

实施生态环保体制改革，制定实施“1+5+2”的生态环保体制改革方案，“1”即重要生态资源资产产权登记改革；“5”即湘江新区生态补偿试点、绿色建筑推进机制、城市生活垃圾分类收集处理体系建设、湘江新区绿色出行系统建设、水生态文明城市建设试点 5 项改革；“2”即环保监管与执法机制和生态文明考评机制改革，绿色发展体制机制逐步建立。建立健全生态补偿机制，主体功能区划、生态绿心保护、生态保护红线、企业环境信用评价、排污权交易、环境污染第三方治理、环境风险责任保险制等一系列生态保护制度建设取得积极进展。出台《长沙市境内河流生态补偿办法（试行）》，对浏阳河等 5 条跨行政区域河流实行水生态补偿，累计获得省级流域生态补偿奖励资金 683 万元。实施绿色建筑推广机制，推广绿色建筑和住宅产业化，实施面积 5 000 多万平方米，绿色建筑占新开工建筑面积比例超过 30%，获批“国家住宅产业现代化综合试点城市”，梅溪湖国际新城获批全国首批绿色生态示范城区。

## 三、抓根本，强基础，持续推进环境保护

生态建设与环境保护工作涉及方方面面，与我们每个人都息息相关，唯有多措并举方出实效，唯有多方共治才能共享。经过多年的探索和实践，未来的工作举措和工作方向逐渐清晰。

### （一）要强化绿色发展的自觉性

深化“三个转型升级”，即深化经济转型升级，突出抓好供给侧结构性改革“三去一降一补”重点任务，加快构建绿色低碳现代产业体系；深化城市管理转型升级，实行源头严防、过程严管、后果严惩，将生态文明建设的要求落实到经济社会发展的各个方面；深化社会治理转型升级，坚持以人为本，坚守“三条底线”，不突破环境容量，不发生重大环境污染事故，不损害群众身体健康和危害生命安全。

### （二）要严格环境管理的准入制

推进“三线一单”工作方式，通过生态保护红线、环境质量底线、资源利用上限和环境准入负面清单，强化空间、总量、准入环境管理，实行源头严控。严把环评审批关卡，建立规划环评与建设项目环评联动机制，推动规划环评落地。持续推进主要污染物减排，积极推进污染物排放许可制度，切实把减排目标责任制落到实处。

### （三）要打赢污染治理的攻坚战

坚持以铁腕治理环境污染，既采取立竿见影的措施，又研究可持续的制度安排，集中打好“清霾”“碧水”“静音”“净土”四大攻坚战。全

力推动湘江保护与治理“一号重点工程”向纵深发展、向“一江六河”延伸。全面推行“河长制”，实现“河长治”，推行浏阳河、捞刀河等流域综合整治，建成区黑臭水体整治等重点工作取得实质性进展。加强大气污染防治，强化各类污染物协同控制，推进长株潭区域大气污染联防联控。积极开展土壤和噪声污染防治，深化落实农村环境综合整治整县推进工作，完善农业生产农村生活污水、垃圾处理长效机制，推进重金属污染综合治理。完成建成区声环境功能区划调整，深化跨部门噪声防治联动机制，切实解决各类噪声扰民问题。

### （四）要务求体制机制的新突破

以“两型”社会建设综合配套改革试验区为平台，加强生态文明体制等重点领域改革，推进环保责任、法治、污染治理市场化等体系建设。重点推进全国节约集约用地综合标准化试点、湘江新区全国生态文明建设试点，积极推进绿色发展评价、实施“两型”认证制度、城区生活垃圾分类等改革。严格落实《长沙市环境保护工作责任规定（试行）》，按照“属地管理、分级负责”和“谁决策、谁负责”“谁监管、谁负责”“谁污染、谁负责”的原则，建立健全环境保护责任体系及问责机制。

### （五）要狠抓监管执法的硬约束

全面贯彻落实《环境保护法》等环保法律法规，加强公安与环保部门联合执法，形成环境执法监管的强大合力。环保部门、检察院、法院要加强协调配合，强化环保执法的司法监督。推进环境保护督察工作常态化、制度化，严格落实“党政同责”“一岗双责”。